SEGUNDOS PARA EL DESASTRE

Glenn Meade

y

Ray Ronan

SEGUNDOS PARA EL DESASTRE

Glenn Meade

y

Ray Ronan

Editado por: AVA, Actividades Varias Aeronáuticas S.L.

Traducido por: Francisco J. Hoyas Frontera y Francisco J. González Castillo

Copyright versión en castellano (c) Actividades Varias Aeronáuticas S.L. 2012

www.edicionesava.es

Depósito Legal: M-556-2013

ISBN-13: 978-84-935506-5-3

****

Prólogo

Desde que tengo uso de razón, me encanta volar. Ya volaba mucho con mis padres desde que tenía sólo tres años. He visto el cambio de las aeronaves propulsadas por hélices a la era de los reactores, la introducción del Boeing 747 Jumbo, el Concorde supersónico y la más actual tecnología "fly-by-wire" de la moderna familia Airbus. Y todo ello me "enganchó".

A la edad de dieciséis empecé a volar yo mismo. Pequeñas aeronaves primero, luego conseguí mi licencia para operar aviones propulsados. Con el tiempo, aprendí a volar reactores y conseguí pasar el entrenamiento para operar un Boeing 737. Pero no tenía ninguna intención de ser un piloto comercial. Volaba por diversión y no para ganarme la vida. Debido a mi trabajo como periodista, tengo que volar mucho a lugares remotos y sigo disfrutándolo cada vez, especialmente los momentos desde la aceleración inicial en pista hasta que las ruedas de la aeronave se elevan suavemente del suelo y nos encontramos en el aire.

Si usted quiere mantener esta entusiasta y positiva imagen de la aviación, es mejor que deje de leer este libro ahora mismo.

Pero si lo que quiere es informarse acerca de lo que actualmente funciona mal en el campo de la aviación y porqué, debería seguir leyendo con mucha atención.

Yo personalmente nunca he sentido ningún miedo a volar, ni como pasajero ni como piloto, especialmente cuando he operado con una aeronave que me resultaba familiar y donde sólo podía depender de que los mecánicos realizaran su trabajo correctamente para mantener la aeronave 100 por cien aeronavegable. Esta es la razón por la que mis pensamientos y acciones están sujetas a un principio fundamental desde mi primera lección de vuelo: El principio de la precaución.

En aviación, es especialmente importante mirar hacia delante. "Nunca vueles con tu aeronave a sitios donde no hayas viajado antes con tu mente". Este es uno de los principios básicos comúnmente repetido por los instructores de vuelo y que es todavía válido, a pesar de los avanzados logros tecnológicos con que nos hemos encontrado en aviación durante los hace ahora más de 100 años en que los humanos hemos aprendido a dominar los cielos. Lo que hizo de volar algo seguro en los pasados 100 años fue ajustarse al principio de la precaución y "vivirlo".

Los accidentes e incidentes deben ser evitados. Pero si ocurren, tienen que ser profundamente analizados y los resultados compartidos, de forma que no se puedan repetir. Esto también implica "compartir tus experiencias" en un ambiente no punitivo, lo que significa tener la libertad de admitir que cometiste una falta o error, de forma que otros puedan aprender de él.

Los principios del vuelo no han cambiado desde que los famosos hermanos Wright despegaron en Kitty Hawk en 1903. Lo que ha cambiado es que hoy nos enfrentamos a las innovaciones a un ritmo frenético. Las aeronaves modernas que montan avanzados sistemas, nuevos materiales, un amplio espacio y confort abordo por un lado, y los estándares y normativas nacionales e internacionales por otro. Esto último pretende asegurar que los vuelos estén sujetos a los estándares más altos y seguros que uno pudiera pensar. Una muy buena intención, pero desafortunadamente, esto ha estado transigiendo durante mucho tiempo con las decisiones tomadas por los directivos de las compañías teniendo más en cuenta los costes y los beneficios, así como con el lobby político de intereses personales en el sector del transporte.

Para millones de viajeros, el aspecto más importante cuando embarcan en una aeronave es la seguridad. Desde luego, nunca existirá un nivel de seguridad que asegure el cien por cien. Por tanto, probablemente nunca veremos una tasa de cero accidentes o incidentes. Pero muchos desastres podían haber sido evitados –si tan solo se hubieran analizado las causas correctamente por las agencias de supervisión encargadas, y si los gestores en aviación responsables hubieran tenido el deseo de aprender de los errores que condujeron al desastre.

El transporte aéreo es seguro – o eso dicen. Pero los incidentes y accidentes ocurren incluso en un supuesto "ambiente seguro", y son siempre una preocupación para los expertos que los analizan con objeto de prevenir futuras tragedias.

Sin embargo, parece que las reglas hoy en día, cuando se trata de mejorar la seguridad aérea, tienen más que ver con las consideraciones económicas que defienden los gestores de las aerolíneas y las autoridades gubernamentales que los supervisan. Esta relación contradictoria ha jugado a menudo un siniestro papel en recientes desastres aéreos, de los cuales encontrará ejemplos en este libro.

Otro problema importante es el siguiente: los pasajeros no tienen el mismo poder de lobby que la industria aérea. Su seguridad debería ser protegida por los parlamentarios. Pero pocos políticos llegan a entender verdaderamente un campo tan especializado, o están suficientemente cualificados para saber exactamente lo que se debe hacer para mejorar la seguridad de la población que viaja.

Tristemente, es un error creer que en aviación todavía se aplican los mejores estándares. La seguridad cuesta dinero y a veces los viajes de bajo coste dejan a las aerolíneas con márgenes muy estrechos, lo que puede significar menos dinero para invertir en mantener una operación segura. A menudo, la carga diaria de garantizar un vuelo seguro está cada vez más soportada por la parte más débil en la cadena de seguridad: los pilotos.

El "factor humano" es actualmente el principal factor en los accidentes de aviación. Pero esto no se limita al error cometido por los pilotos. También es aplicable a mantenimiento, a la gestión de la compañía, a los constructores de aeronaves y sus componentes y a las autoridades nacionales e internacionales, quienes son responsables de la "red de seguridad" que debería rodear todos y cada unos de los vuelos. Pero si la red se desgarra, es solo cuestión de tiempo que el agujero se haga suficientemente grande para que un Airbus A380 con 800 pasajeros, o su homólogo –el recién construido Boeing 747-800- caiga a través de la red, con consecuencias tremendamente mortales.

Usted aprenderá en capítulos como el del desafortunado vuelo del Air France 447 o el vuelo de Spanair 5022, las más que conocidas deficiencias del sistema, identificadas mucho antes de que estos accidentes mortales ocurrieran. También aprenderá acerca de las deficiencias en el diseño de los sistemas de la más avanzada y altamente informatizada aeronave del mundo –y los problemas de la llamada "relación hombre-máquina" que dificultan la operación de los seres humanos a cargo de esos sistemas complejos, especialmente cuando los automatismos fallan. Los recortes en los requisitos de entrenamiento también se cree que han jugado un papel clave en el desastre del AF447.

Usted va a leer sobre aerolíneas en las que debería pensárselo dos veces antes de volar en ellas, ya que por los bajos precios que ofrecen usted puede estar arriesgando su vida y la de sus seres queridos en caso de ser uno de sus pasajeros. Con respecto a sus seres queridos: aprenderá acerca de los efectos mortales que los pequeños cinturones de niño que le proporcionará su tripulante de cabina tienen sobre su pequeño, si éste tiene menos de dos años. Estos dispositivos no están diseñados para proteger a su hijo en caso de un impacto catastrófico, más bien con toda probabilidad le dañará o incluso le matará.

¿Alguna vez se ha preguntado porqué se sentía tan aturdido y sufría de dolores de cabeza tras notar algún extraño olor a bordo de una aeronave?¿Se le ha ocurrido pensar que acababa de ser envenenado con un agente nervioso? Lea acerca de uno de los secretos mejor guardados por la industria durante décadas.

Este libro ofrece algunos escalofriantes ejemplos de prácticas altamente peligrosas que afectan a los pasajeros, y que hacen sonar todas las alarmas. La Agencia Europea de Seguridad de la Aviación (EASA) es responsable de establecer los estándares europeos que se aplican en todos los estados miembros, sus aerolíneas, los centros de entrenamiento, los constructores de aeronaves y sus componentes. Tiene delegadas sus atribuciones de los ciudadanos. Aun así, actividades recientes de la agencia, como su reacción al aire tóxico en cabina, la seguridad de los menores o la fatiga de los pilotos, demuestran que las autoridades tienden a seguir las consideraciones económicas de aquellos a quien la agencia se supone que debe regular: las aerolíneas europeas y la poderosa industria aérea internacional.

La ambición de estas aerolíneas y su industria es sobrevivir a un mercado que crece a un ritmo increíble y que es dirigido por la globalización, en vez de tener el deseo de mantener los más altos niveles de seguridad que protejan tanto a los pasajeros como a las tripulaciones.

Los Estados Unidos se enfrentan a un problema similar –todas las decisiones para mejorar la seguridad tienen que pasar primero por un análisis crucial sobre coste-beneficio. En una entrevista televisada que llevé a cabo una vez con el congresista democrático Peter deFazio, conocido por ser un miembro bastante crítico en el Comité de Transportes del Congreso, no se mordió la lengua: "Si es más barato matar a la gente, ¡mataremos a la gente!" Parece que tanto Europa como EASA se están desviando por un camino poco ético, inmoral y altamente peligroso.

Con un poco de suerte la EASA y la FAA –los actores principales cuando se habla de normativa y seguridad en la aviación- volverán al camino correcto antes de que sea demasiado tarde y nos golpeen más desastres. Citando un proverbio de los expertos en seguridad: "si quiere saber el coste de la seguridad, pruebe a tener un accidente." Por supuesto, esto nunca es una opción válida.

Estoy convencido de que este libro y su publicación les recordará perfectamente sus obligaciones.

Berlin, 15 de mayo de 2012
Tim van Beveren
Piloto, editor en aviación y analista de seguridad.

Agradecimientos:

Flight Safety Foundation

Michael J. Dreikorn, Ed.D. | Inspector de la Administración Federal de Aviación de Estados Unidos| Grupo IPL

Professor Ed Galea y el equipo "Fire Engineering Safety Group" | Universidad de Greenwich.

Tim Van Beveren | Editor independiente de seguridad de vuelo en TV y medios impresos.

Gerry Byrne | Periodista de investigación en aviación. Autor del libro "Flight 427 Anatomy of an Air Disaster".

John Greaves | Abogado experto en aviación

Baum Hedlund | ex Comandante de líneas aéreas

Comandante John Hoyte | Presidente de la asociación "Aerotoxic Association".

Teamsters | Airline Division, United States.

Jan Brown | Asistente de vuelo retirado y actual activista para la seguridad de los niños abordo.

Juan Carlos Lozano | Piloto de líneas aéreas e investigador de accidentes.

SNPL| Syndicat National des Pilotes de Ligne (National Union of Airline Pilots; France)

ECA | European Cockpit Association

VC | Asociación de pilotos alemanes

SEPLA | Sindicato de Pilotos de Líneas Aéreas de España

Asociación de Afectados del Vuelo JK5022

A todos los que han contribuido, a aquéllos que no quieren o no pueden ser nombrados, gracias por vuestro tiempo y esfuerzo hacia el libro y por ayudar a mejorar la seguridad en nuestros cielos. Gracias a todos por vuestro apoyo y confianza. Esperamos que este libro nos ayude a generar debate y cambie la corriente de "beneficio, y después los pasajeros", a "los pasajeros, y después el beneficio."

ÍNDICE

Capítulo 1

Perdido

Vuelo Air France Flight 447

No era noche para morir.

En Rio de Janeiro ese final de mayo ofrecía temperaturas cercanas a los dieciocho grados. Se aproximaba la mitad del invierno en Brasil, pero esa noche el aire era cálido, sin que susurrara una brizna de viento en el húmedo aire. En la playa de Copacabana, un mar liso y en calma, la avenida atestada de familias y amantes disfrutando de un paseo, grupos de bronceados chicos y chicas tirados en la arena, riendo y oyendo música.

En la Avenida de las Flores, la furgoneta de tripulaciones Volkswagen que llevaba a la tripulación de Air France comandada por el Comandante Marc Dubois partía del hotel Hilton a las siete y media de la tarde. La hora de recogida coincidía con la hora punta del tráfico. Por ello, como era habitual, ésta se hacía dos horas y media antes de la hora programada de salida del vuelo, para cubrir posibles retrasos de camino al aeropuerto. El conductor de servicio esa tarde siempre intentaba ser puntual y esperaba a la tripulación fuera de la entrada principal del hotel.

"Era una noche tan agradable", recuerda Oscar González, un empleado del hotel. "La tripulación mostraba muy buena disposición. Ciertamente no podían intuir que un terrible desastre estaba a punto de ocurrir, que eran conducidos a sus horribles muertes".

Entre los pasajeros de la furgoneta se encontraba el copiloto de treinta y dos años Pierre-Cedric Bonin, que había empezado a volar el Airbus A330 en abril. Su joven mujer Isabelle le había acompañado en el viaje y no paraba de comentar lo mucho que le había encantado la corta escala de dos días en Rio.

El segundo copiloto, David Robert -en vuelos de largo radio internacionales, lo normal es llevar un tercer miembro en la tripulación- tenía 6,600 horas de vuelo con Air France y tenía la calificación para volar el A330 desde 2002.

Su Comandante, Marc Dubois, de cincuenta años, era un piloto veterano. Desde junio de 1998 había acumulado más de 1,700 horas solo en el A330 y volaba también el cuatrimotor A340, práctica habitual en compañías que tienen ambos aviones en su flota. Ésta era su diecisieteava rotación en los sectores a Sudamérica.

Lo que desconocía el Comandante Marc Dubois y su tripulación mientras conversaban en su hoy corto viaje de treinta minutos al aeropuerto, era que el vuelo Air France 447, salto con destino Paris de algo más de 9,000 kilómetros en una jornada larga sobre las oscuras y turbulentas aguas del Atlántico, esa noche se iba a convertir en su último vuelo.

*

Ya en el aeropuerto internacional Antonio Carlos Jobim, la tripulación descendió de la furgoneta de tripulaciones para lo que asumían sería simplemente otro tramo de vuelo de vuelta a casa. El cielo cubierto mantenía la temperatura y la humedad constantes. El Comandante Dubois hablaba con su tripulación, esperando a que bajaran sus equipajes, mientras el copiloto Bonin se apresuraba a acompañar a su mujer para hacer la facturación de su billete.

El conductor descargó la última maleta y la tripulación del

Comandante Dubois se dispuso a entrar en la terminal llevando consigo sus maletas. La sobrecargo Anne Grimout, ciudadana de cuarenta y nueve años de Ermenonville, en Normandía, llevaba casi veinticinco años trabajando para Air France. Charlaba con Lucas Gagliano, el único de nacionalidad brasileña que trabajaba en ese vuelo. De veintitrés años, Lucas había vuelto a Brasil dos semanas antes para asistir al funeral de su padre.

Después de hacer la cola del control de pasaportes, el Comandante Dubois dejó a los tripulantes de cabina para que hicieran sus propios chequeos, mientras se dirigía con los dos copilotos a la sala de Operaciones de Air France.

Ya en la oficina, una vez le fue entregada la información del vuelo AF447 por el agente de despacho de vuelos, Dubois se sentó junto a Robert y Bonin para hacer la planificación del vuelo de Río a París. Mientras tanto, la aeronave de Air France A330-200, con matrícula F-GZCP, tomaba tierra en la pista principal y rodaba hacia el aparcamiento asignado.

El personal de tierra comenzó de inmediato la preparación del avión para su próximo vuelo. Los caminos de llegada y salida de ambas tripulaciones de Air France no se cruzaron. La tripulación de llegada no había reportado ningún inconveniente o fallo. Una vez repostada, la aeronave estaba lista para la salida, como parte del ciclo de uso al que toda aeronave moderna está destinada. El tiempo en tierra es dinero perdido. Cuanto más tiempo se usa la aeronave, mayor es el beneficio de la compañía.

En la sala de información, Dubois y los copilotos estudiaban la ruta. La meteorología en mitad del Atlántico en esa época del año puede ser un peligro real con grandes y múltiples tormentas. Sin servicios de control y comunicaciones en medio del Atlántico, el piloto debe basarse en la planificación del vuelo, los informes de otras

3

aeronaves en ruta y el propio radar meteorológico instalado en la aeronave para navegar sorteando dichas tormentas. Esa noche había pronóstico de fuertes sistemas tormentosos.

Pero Dubois había volado a menudo esta ruta antes y, en general, todo parecía que iba a ser otro vuelo rutinario.

Mientras Dubois y su tripulación finalizaba la supervisión del plan de vuelo, sus pasajeros estaban ya procediendo a facturar y pasar los controles aduaneros. Doscientos dieciséis pasajeros de treinta y dos nacionalidades distintas. Incluían un bebe y varios niños.

Sesenta y un pasajeros eran franceses, cincuenta y ocho brasileños y veintiocho alemanes.

Christine Schnabl, sueca de treinta y cuatro años, y su hijo Philippe de cinco años habían facturado y esperaban a iniciar el vuelo. Christine, que llevaba viviendo diez años en Brasil, trabajaba para la Cámara de Comercio sueca y echaba de menos a sus amistades en Suecia.

Su marido Fernando y su hija de tres años, Celine, habían volado a París antes en una compañía distinta, con la intención de hacer juntos el tramo final del viaje a Suecia para unas vacaciones en casa. De acuerdo con un artículo periodístico, la familia destinada en Rio siempre volaba de forma separada. El señor y la señora Schnabl siempre temieron que podían morir juntos si el avión se estrellaba, y por ello reservaron en vuelo distintos. (1)

Fue una decisión que iba a romper su querida familia para siempre.

Para cuando todo el mundo estuvo a bordo ya había pasado la hora programada de salida, las 22 horas. La cuenta de los tripulantes de cabina confirmaba el número de pasajeros. El Comandante Dubois firmó la hoja de carga y el agente de tierra se despidió con un "bon voyage" antes de cerrar la puerta del avión.

El personal de tierra confirmó que los chequeos previos a la salida habían sido completados y justo antes de las diez y diez, la tripulación llamó a la torre para pedir autorización de retroceso y puesta en marcha, como así se le dio.

Satisfecho de que todo iba según lo previsto, el Comandante Dubois pidió soltar frenos. A las diez y diez de la noche, el vuelo 447 retrocedía de su aparcamiento. Después de un corto rodaje, los motores del A330 lo empujaban a lo largo de la pista de despegue, aumentando su velocidad hasta que se elevó grácilmente en el cielo a las diez y veintinueve minutos.

Una vez en el aire la tripulación contactó con la frecuencia de aproximación de Rio de Janeiro y poco después era transferida con el centro de control de tráfico aéreo de Curitiba, quien les autorizó el ascenso a su nivel de crucero de treinta y cinco mil pies, unos 10,600 metros de altitud, a las diez y cuarenta y cinco minutos.

Como muchas aerolíneas modernas, Air France equipa a sus aeronaves con un sistema de aviación equivalente a un fax o SMS, llamado ACARS (2).

A las diez y cincuenta y un minutos, la tripulación requirió y recibió posteriormente por ACARS el parte meteorológico de los aeródromos brasileños de Belo Horizonte, Salvador de Bahía y Recife.

Eran aeródromos que el Comandante Dubois tenía en mente como refugio en el caso más que improbable de tener una emergencia.

Pero esa noche lo más que improbable estaba a punto de pasar.

*

Casi a once mil kilómetros de distancia, en Paris, Francia, y casi tres horas más tarde, a las dos y diez, una ristra de misteriosos mensajes de error, transmitidos automáticamente desde la cabina de vuelo del Airbus del Comandante Dubois, eran recibidos en la oficina de operaciones de Air France en el aeropuerto de Charles de Gaulle.

El personal de servicio esa noche estaba horrorizado por la larga lista de señales ACARS que de repente explotó en sus pantallas.

Uno de ellos recuerda como miraba atónico y con la boca abierta a los mensajes que llegaban. "Era tan irreal. Todos los que vimos las comunicaciones ACARS viniendo del vuelo 447 sabíamos que algo realmente horrible, algo catastrófico estaba ocurriendo delante de nuestros ojos".

La cascada de mensajes señalaban que una serie calamitosa de sucesos se estaba produciendo a bordo del Airbus 330 sobre el turbulento océano Atlántico.

El personal de operaciones miraba las pantallas con absoluta incredulidad. "Los mensajes de fallos seguían entrando", recuerda otro empleado. "Pero no había señales de emergencia, ninguna señal de radio transmitida desde la cabina. No había evidencia de ninguna transmisión de emergencia directa de la tripulación".

En el espacio temporal de tan sólo cuatro minutos, veinticuatro mensajes codificados fueron transmitidos, indicando información no fiable de los sensores de datos de vuelo, la desconexión del piloto automático y una serie colosal de fallos de subsistemas a bordo del Airbus.

A las dos y catorce minutos se transmitió el último mensaje desde la cabina del Comandante Dubois indicando que, o bien un fallo de descompresión masivo estaba ocurriendo, o que la aeronave se movía hacia abajo a una velocidad vertical extrema, o ambos, ya que la cabina estaba cayendo a más de diez metros por segundo, un régimen de descenso increíble.

En París, el personal de servicio en la oficina de operaciones esa mañana miraba ansiosa sus ordenadores, pero no se recibieron más señales de la dañada aeronave que sólo momentos antes volaba en su ruta a través de la tormentosa oscuridad del Atlántico.

El vuelo Air France 447, con doscientos veintiocho pasajeros y tripulación a bordo, había desaparecido de las pantallas sin dejar rastro.

Capítulo 2

En busca de respuestas

¿Por qué ocurren los accidentes?

"La programación comercial de vuelos es lo primero". Declaración del Director General de una aerolínea británica en una conferencia sobre gestión, Oct. 2010.

Hay un dicho de Einstein que es muy citado en el ámbito de la investigación de accidentes aéreos, o incluso en cualquier ámbito que requiera una capacidad de análisis crítico – "observa durante un tiempo suficiente el problema y la respuesta se presentará por sí misma".

La caída del vuelo 447 de Air France fue un acontecimiento inusual. Inusual porque no fue precedido por ninguna llamada de emergencia desde cabina de vuelo, señal de emergencia, ni comunicación de último minuto que pudiera haber dado alguna pista de porqué, simplemente, la aeronave desapareció.

E inusual porque las catástrofes aéreas raramente suceden en mitad de un vuelo. La mayor parte de los accidentes ocurren dentro de una ventana crítica de 11 minutos, durante el despegue y el aterrizaje.

Los aviones no se suelen caer del cielo.

Y mucho antes de que una catástrofe pueda suceder, se suelen dar una serie de sucesos significativos que, posteriormente, pueden proporcionar a los investigadores de accidentes indicios sobre su causa.

En el caso del Air France 447, aunque algunas sólidas respuestas eran evidentes en principio, el inmenso y profundo Atlántico iba pronto a mostrar las primeras indicaciones de lo que podía haber ocurrido.

*

Tres días después de la desaparición del vuelo 447 las primeras evidencias físicas empezaban a materializarse. Con el tiempo, 53 cuerpos, entre tripulantes y pasajeros, una sección de cola casi completa y numerosas partes del avión fueron encontrados cerca de la zona del accidente durante la primera semana. Los restos indicaban, como los investigadores habían sospechado, que el vuelo 447 había sufrido un desastre catastrófico.

Un buque de investigación oceanográfico, el Pourquoi Pas, que se encontraba trabajando en el levantamiento de mapas de la cadena montañosa de mitad del Atlántico, donde tres placas tectónicas chocan unas con otras a profundidades de hasta cinco millas, había sido requerido como ayuda en la búsqueda submarina. En parte propiedad de la marina francesa, el buque llevaba a bordo dos mini-submarinos. Uno de ellos, el Nautilus, había recuperado muchos de los inmensos tesoros del Titanic. El Nautilus era uno de los pocos submarinos en el mundo capaz de descender y rastrear el profundo océano donde el Airbus del Comandante Dubois había desaparecido.

Sin embargo, después de 4 semanas batiendo las profundidades del océano en busca de evidencias del accidente, el submarino fracasó en su intento de encontrar restos de la aeronave o la caja negra.

"Puede que las cajas negras jamás sean encontradas", dijo Paul-

Louis Arslanian, director del equipo de investigación francés. "Y ello puede no importar. Hemos tenido casos donde nunca encontramos las cajas negras y fuimos capaces de reconstruir lo que sucedió, y ha habido otros donde las encontramos y nunca nos proporcionaron información útil".

A menos que tengas todas las evidencias frente a ti, nada puede ser descartado. Porque sin respuestas, sin unir los puntos que proporcionan una verdadera imagen de todos los factores que contribuyeron a la desaparición del vuelo 447, otra línea aérea podría sufrir el mismo desenlace. Aunque la aeronave -matriculada F-GZCP había completado 2644 despegues y aterrizajes el problema o problemas catastróficos que surgieron esa fatídica noche, en ese vuelo en particular, podrían volver a producirse. Por supuesto, finalmente las cajas negras fueron encontradas y la evidencia pronto apuntó a un accidente catastrófico que, tristemente, era evitable.

Desde luego, algunas de las evidencias escandalizarán a los lectores, poco familiarizados con los procedimientos en cabina de vuelo y las políticas de las líneas aéreas.

Casi siempre los accidentes, como veremos, son la confluencia de muchos sucesos, una sucesión de mala suerte, malas decisiones, inapropiada política de compañía, entrenamiento insuficiente y fallos de la autoridad reguladora, o bien combinaciones de esos cinco elementos así como de otros factores.

A algo de esa mala suerte contribuye a menudo la misma industria aérea. Creemos que algunos de sus principios básicos -una interminable y agresiva búsqueda de beneficios- sin duda contribuyen a una progresiva erosión de los estándares de seguridad, que ponen en serio peligro la vida tanto de pasajeros como de tripulantes.

Existen más incidentes, término empleado para los casi-accidentes o sucesos que podrían haber desembocado en accidente, de los que usted pueda imaginar y es el incremento del número de esos incidentes lo que causa preocupación.

Muchos de los más importantes accidentes están precedidos por incidentes similares en los que, sólo por casualidad, una fatalidad no llega a producirse. Los investigadores de accidentes aéreos cuentan que por cada accidente hay cientos de incidentes similares; y si eso es así, ¿son los accidentes mortales el único indicador de la seguridad de una aerolínea?

El ASRS, Sistema de Reportes de Seguridad de la Aviación de la NASA, recopila informes confidenciales que les envían los trabajadores de la industria de la aviación. Su sistema indica un marcado incremento en el número de incidentes notificados en años recientes, y la NASA dice que el número real de notificaciones podría ser incluso mayor.

Es posible que muchos de los que trabajan en la industria de la aviación americana, o bien no conocen dicho sistema o temen usarlo. Pero según la NASA "Más de 975,000 notificaciones han sido tramitadas hasta la fecha y nunca la identidad del notificante ha salido a la luz. Nosotros desidentificamos los informes antes de su entrada en la base de datos de incidentes". (3)

Pero este es un sistema americano. Algunos países en Europa no tienen un sistema de notificación confidencial que permita a los empleados de la industria aeronáutica llamar la atención sobre prácticas peligrosas o incidentes no notificados sin temor a la represión o al castigo.

El equipo de la NASA cree que este sistema es vital: "Cuando las organizaciones desean aprender más sobre sucesos acaecidos, la mejor aproximación es simplemente preguntar a los implicados". (4)

Con el aumento en el tamaño de las aeronaves y en la capacidad para transportar pasajeros, cuando suceden accidentes éstos pueden llegar a ser desastres monumentales. Es cierto que el año 2010 ha sido el año más seguro en lo referente a pérdida de aeronaves. Pero en el 2011 la mejora en la seguridad ha sido como mucho *modesta* (5). El número de personas fallecidas no tendió a disminuir, sino a aumentar. Y el número de incidentes notificados tampoco disminuyó, sino que aumentó.

Es comúnmente conocido entre los expertos en seguridad de vuelo que la última década puede ser considerada como "la década perdida", pues no se ha llevado a cabo ninguna mejora en cuestiones de seguridad de vuelo en dicho período.

Este libro no sólo planteará y responderá preguntas como por qué suceden los accidentes, sino que también ofrecerá soluciones sobre cómo pueden ser evitados. Además, de igual modo concienciará a los pasajeros de cómo pueden conscientemente limitar el riesgo.

Elecciones simples pero inteligentes por parte de los pasajeros pueden suponer una enorme diferencia a la hora de reducir el riesgo de exposición al peligro mientras ellos y sus familias vuelan.

En un mundo donde el transporte por vía aérea está previsto que se incremente de forma exponencial en las décadas venideras, este libro le enseñará a volar como pasajero de forma segura e inteligente.

Le enseñará cómo evitar peligros potenciales que existen en la aviación comercial -peligros que en ocasiones pueden exponer a pasajeros ignorantes al creciente riesgo de verse envuelto en un accidente aéreo mortal. En conversaciones y reuniones con otros pilotos y expertos de la industria, aprendemos lo que ellos hacen para conseguir que sus vuelos sean más seguros para sus tripulaciones y sus pasajeros.

Esta información debería ser compartida con el público.

Hay incluso un más que discutible asunto que intentamos explorar: ¿en qué medida ambos, tanto la industria aeronáutica como las autoridades responsables de regular esa industria a nivel mundial, juegan al azar con la vida de los pasajeros? Y ciertamente lo hacen, a través de la negligencia y la connivencia, como demostrarán las siguiente páginas.

La realidad es que muchos entendidos en el negocio de la aviación reconocerán que el accidente del Air France 447 nunca debió haber ocurrido, pero estaba a la espera de ocurrir.

Y la verdadera tragedia, como muchos de los desastrosos accidentes y terroríficos incidentes que usted está a punto de leer, es que montones de tales calamidades bien podrían haberse evitado por la industria aérea y sus autoridades supervisoras.

Es un tema sobre el que volveremos en próximos capítulos -cómo todas y cada una de nuestras vidas se ponen diariamente cada vez más en peligro cuando volamos, y por una sola razón: la agresiva búsqueda del beneficio y la erosión de los estándares de seguridad causados por esa misma temeraria búsqueda.

Una búsqueda que como veremos afecta especialmente a las vidas y carreras de las tripulaciones de vuelo de las líneas aéreas, pues es en sus expertas manos donde nos ponemos nosotros mismos cada vez que volamos.

Y cuando las tripulaciones van mal, todo va mal.

Capítulo 3

El estado mental de los pilotos

Cuando las cosas no van bien en la cabina de vuelo

Los fans del actor Robin Williams pueden recordar una de sus actuaciones más divertidas. Actuando como si fuera un Comandante de líneas aéreas, entra en el escenario para anunciar su peculiar mensaje pre vuelo, donde confiesa sus propios problemas.

"Buenos días, señoras y señores, les habla su Comandante. Les damos la bienvenida a bordo de este vuelo" El discurso de Williams comienza. "No es que haga un gran día, creo que estarán de acuerdo. Está lloviendo con intensidad, con algunas rachas desagradables de viento y están cayendo unos rayos increíbles por el lado de babor, por si a alguien le interesa. ¡Wow! ¿¡Han visto ese relámpago!? No es que sea una gran mañana para volar, ¿verdad? Bueno, me imagino que no es exactamente una gran mañana para mí tampoco. A decir verdad, mi esposa me dejó anoche. ¡Después de veinte años de matrimonio! Ella me dijo que no podía aguantar más vivir con mi estado de ánimo depresivo y que le estaba arrastrando conmigo a la depresión. Yo les pregunto, ¿después de veinte años?¿Se pueden hacer una idea del tipo de angustia mental que esto le puede causar a un hombre? Me refiero a que he estado toda la noche pensando en esas crueles palabras que me han arrancado el corazón". Williams hace una pausa, se seca unas lágrimas imaginarias de sus ojos, y proyecta una maníaca sonrisa...

"Pero bueno, dejemos de hablar de mí, ¿quién quiere oír algo acerca de mis problemas?¿porqué no simplemente aceleramos este gran pájaro de metal sobre la pista y lo llevamos al aire a ver que demonios pasa?"

*

En ese momento, los pasajeros inteligentes saldrían corriendo, gritando en su huida hacia las salidas.

El caso es que los pilotos son seres humanos. Cuando se cortan sangran como cualquier otra persona.

La gran mayoría son hombres y mujeres muy profesionales. Algunos incluso han demostrado un desmesurado coraje, heroísmo, capacidad, tenacidad y habilidad, protegiendo la vida de sus pasajeros en incidentes de aviación catastróficos.

No son superhombres o supermujeres, sino gente corriente como usted y como yo. Los puede ver en el supermercado, empujando sus carritos de la compra. Los puede conocer en un campo de golf, en un polideportivo, en un restaurante o en un bar.

Los puede tener como vecinos, familiares, hermanos o hermanas, como conocidos casuales o amigos. Como todo el mundo, tienen sus debilidades y fortalezas, sus vicios y virtudes. Como todo el mundo, a menudo tienen que lidiar con sus problemas en la vida.

Entre ellos se encuentran personas de todas las religiones, agnósticos y ateos. Pueden ser hombres y mujeres más familiares, o solteros, don Juanes, homosexuales, lesbianas o travestis. Póngales usted nombre, las cabinas han visto de todo —nadie debería preocuparse de las orientaciones personales de la tripulación, mientras que ello no interfiera con el desempeño de su trabajo ni tenga efecto contrario alguno con el nivel de sus capacidades profesionales.

Algunos pilotos viven una vida tranquila, con un propósito claro. Otros tienen relaciones tormentosas o aventuras, y luchan con demonios internos. Hay casos evidentes, donde algunos han sido arrestados o sacados de los aviones mientras estaban bajo los efectos del alcohol –aviones a los que estaban a punto de subirse y pilotar, cargados con cientos de pasajeros cuyo cuidado había sido puesto en sus manos. Y como veremos en el próximo capítulo, algunos –como en la ficción del Comandante Williams- tenían problemas personales que pueden en ciertos casos causarles crisis nerviosas o colapsos en mitad del vuelo, con consecuencias nefastas o incluso mortales.

A veces, como cualquier otra persona, los pilotos están exhaustos o no se sienten demasiado bien el día que tienen que ir a trabajar. Y este trabajo es muy importante- el destino de decenas o cientos de vidas puede estar en sus manos. El aumento de compañías de bajo coste que recortan gastos hasta la mínima expresión, hacen que el trabajo sea cada vez peor pagado, sin tener en cuenta la experiencia necesaria para ejercerlo, los requisitos de entrenamiento y las responsabilidades que se requieren del piloto.

En los últimos años la industria de la Aviación ha experimentado lo que los expertos denominan "embrutecimiento". Los salarios se han recortado, los presupuestos de entrenamiento reducido. Los requisitos de experiencia como piloto al mando -los estándares necesarios para adquirir el rango de Comandante- han sido en ocasiones reducidos drásticamente debido al deseo de algunas aerolíneas de tener Comandantes más jóvenes, baratos y consecuentemente con menos experiencia.

Puede sorprender a los lectores comprobar en este libro que hay pilotos en los Estados Unidos con salarios tan bajos que tienen acceso a las cartillas de racionamiento, y en Europa algunos cobran los salarios mínimos legales.

En el Reino Unido hay pilotos que viven en remolques miserables en el área de influencia sonora del más que animado aeropuerto internacional de Heathrow, simplemente porque no se pueden permitir los costes de transporte y un alojamiento decente con esos deprimentes salarios. Tampoco es desconocido por los copilotos más jóvenes de las compañías de bajo coste el dormir en coches por la noche entre actividades de vuelo.

Exploraremos estos temas más adelante, ya que docenas de compañías aéreas en todo el mundo pagan a sus pilotos exiguos salarios o no pagan en absoluto -hombres y mujeres cuyas aptitudes y bienestar controlan el destino de cientos de miles de personas que viajan como pasajeros de miles de vuelos comerciales sobre los cinco continentes diariamente alrededor del mundo.

La vida, según parece, es a veces casi tan barata como los billetes de bajo coste que muchos pasajeros tratan de encontrar.

*

No es sorprendente que en este mundo moderno que vivimos la parte emocional y psicológica del piloto estén en auge, como muestra un informe encargado por la Asociación de Pilotos de Líneas Aéreas del Reino Unido, BALPA, para estudiar la aerolínea de bajo coste europea EasyJet. El estudio encontró niveles reportados de fatiga, problemas de sueño y síntomas de ansiedad y depresión más altos de los que se pueden esperar de la población en general. (6)

Aunque mucho de esto es debido al aumento del estrés en la vida que nos afecta a todos, incluidas las presiones financieras, en el caso de los pilotos esto significa jornadas de trabajo más pesadas, horas de vuelo extra, y un aumento de la fatiga. Y como cualquier piloto le puede contar, la fatiga en las cabinas de vuelo es una bestia mortal.

La fatiga mental y física, junto con largas jornadas y un exceso de trabajo, han conducido a confusión y errores en cabina; lo que a su vez a llevado a serios incidentes y accidentes fatales causantes de miles de muertos y heridos en accidentes aéreos a lo largo de los años. De hecho la fatiga es conocida por ser un factor contribuyente en el veinte por ciento de los accidentes de aeronaves.

Menos conocido por el público, el suicidio ha sido también cometido en las cabinas por pilotos estresados y mentalmente inestables, con resultados mortales.

El gobierno americano estima que cerca de 31,000 ciudadanos americanos mueren cada año como resultado de los suicidios. En todo el mundo, el número se cuenta por millones. Hay múltiples motivos – depresión, sentimiento de culpa, furia, ira, pérdida de cariño. Cuando el problema surge en la vida de pilotos profesionales y acaban con sus vidas mientras desempeñan sus funciones, durante un vuelo, a menudo tiene lugar la tragedia añadida de la muerte de pasajeros.

Afortunadamente, la mayoría de los pilotos son altamente competentes, muy entrenados, hombres y mujeres cuyas capacidades ayudan a prevenir accidentes en vez de crearlos. Pero el hecho de que los seres humanos son a veces impredecibles, y como no existe lo que se denomina seguridad absoluta, la protección no puede garantizarse en todo momento. Hay pilotos sin escrúpulos que no prestan atención a las normas, pilotos que falsifican sus registros de horas de vuelo pretendiendo mostrar que tienen más experiencia de la que realmente tienen, pilotos que confirman haber sido Comandantes en sus compañías anteriores cuando de hecho eran copilotos, todo por conseguir un trabajo. Hay pilotos que quizá nunca deberían ser autorizados a volar una aeronave con pasajeros de pago a bordo.

John Greaves es un Comandante de línea aérea retirado con más de 11,000 horas de vuelo. Como experimentado abogado de accidentes en líneas aéreas, Greaves ha sido testigo del dolor de las familias y seres queridos de cientos de víctimas en más de 35 desastres aéreos comerciales, incluyendo las víctimas del once de septiembre. "Las compañías aéreas están promocionando copilotos a Comandantes que no tenían derecho a serlo". No es él solo quien afirma esto. Afortunadamente, los corruptos son una minoría.

Sin embargo, como los acontecimientos del 11 de septiembre nos mostraron, a veces los locos, los malos y los verdaderamente peligrosos pueden colarse a través de los filtros se seguridad.

Capítulo 4

Cabinas de vuelo, drogas y grabadores de voz

Pilotos con instintos suicidas

Durante la mayor parte de su vida, para todos los que le conocieron, el Comandante de Japan Airlines Seiji Katagiri parecía una buena persona.

Un piloto profesional que ocasionalmente disfrutaba jugando al golf en sus ratos libres, había volado para Japan Airlines la mayoría de sus 22 años de carrera. Padre de dos niños, él y su mujer vivían en un barrio de clase media de Tokio llamado Yeisha, en una casa de dos pisos a poca distancia del aeropuerto de la ciudad de Haneda.

Pero Katagiri tenía un problema mental.

Cuando empezó a sufrir alucinaciones y depresión, a su mujer le preocupó su comportamiento. Una vez Katagiri llamó a la policía y ya en su casa trató de convencerles de que estaba llena de micrófonos ocultos. La búsqueda de la policía confirmó que no existía ningún dispositivo de escucha.

En al menos tres ocasiones su jefe le instó a buscar ayuda psiquiátrica. A Katagiri le dieron un mes de permiso.

Cuando regresó al trabajo, el 9 de febrero de 1982, realizó el vuelo 350, un vuelo doméstico desde Fukuoka a Tokio. Sin embargo, su compañía, JAL, no se había asegurado de cumplir con un requisito vital en la empresa; antes de la reincorporación de Katagiri como Comandante, debía volar al menos 25 horas supervisado.

Fue un error que contribuyó al escalofriante suceso que tendría lugar posteriormente.

Mientras Katagiri efectuaba la aproximación final en Tokio, el Comandante enloqueció y activó dos de las reversas de los motores del DC-8, lo que provocó que el avión se precipitase en las heladas aguas de la bahía de Tokio, trescientos metros antes de la pista.

Veinticuatro personas murieron innecesariamente ese día.

Katagiri sobrevivió y fue uno de los primeros en ser rescatado -impensable para un Comandante estar entre los primeros en abandonar su avión- murmurando para sí mismo y diciendo a sus rescatadores que era un empleado de oficina. Katagiri contó posteriormente a la policía que en la mañana del vuelo se encontraba indispuesto. "Entonces, justo antes de aterrizar, sentí náuseas, un sentimiento de terror y pérdida de la conciencia".

Al Comandante Katagiri le diagnosticaron una enfermedad mental. Y aunque quedó probado, no fue declarado culpable debido a su estado de locura y fue recluido en una unidad psiquiátrica. (7)

El Comandante Katagiri no es el único piloto que ha enloquecido en una cabina de vuelo y ha decidido acabar con su vida y con la de sus pasajeros, y sin duda alguna, no será el último.

En agosto de 1994, en un vuelo local de Casablanca a Agadir, de la compañía Royal Air Maroc, el joven Comandante de 32 años, Younes Khyati, decidió no sólo acabar con su vida, sino con la de sus 48 pasajeros. Experimentado piloto con 4,500 horas de vuelo, Khyati estaba físicamente en forma y había pasado un mes antes el riguroso examen médico anual.

No mostraba señal externa alguna de enfermedad mental, o de

problemas psicológicos.

Pero diez minutos después del despegue, inexplicablemente Khyati desconectó el piloto automático a 15,000 pies picando el avión morro abajo. La copiloto, una mujer, transmitió a Casablanca "Mayday, Mayday, el piloto está...". El mensaje finalizó bruscamente mientras el piloto precipitaba la aeronave contra la Cordillera del Atlas, matando a todos a bordo.

Nunca se encontró motivo alguno que explicase lo que los investigadores del accidente denominaron "gesto incomprensible del Comandante Khyati".

Algunos casos de suicidio de pilotos son incluso más extraños. Pero ningún más extraño que el del vuelo 990 de Egypt Air.

La razón exacta del accidente todavía hoy es motivo de discusión entre las autoridades americanas y egipcias, quienes ofrecen puntos de vista contrapuestos. Ambas autoridades llevaron a cabo una investigación conjunta. Y todos los hechos disponibles señalan un innegable y escalofriante escenario que se desarrolló a bordo del vuelo Los Ángeles-Nueva York-El Cairo, el 31 de octubre de 1999.

Aproximadamente a las 01:50, el vuelo 990 de Egypt Air -un Boeing 767 bautizado como Tuthmosis III, por el faraón de la 8ª Dinastía- se precipitó en el Atlántico, sesenta millas al sur de la Isla de Nantucket, Massachusetts, en aguas internacionales. Los 217 pasajeros a bordo fallecieron.

La exhaustiva investigación llevada a cabo por un equipo americano concluyó que la aeronave fue derribada deliberadamente, en un caso más de piloto-suicida. Uno de los miembros de la tripulación de cabina de vuelo, el Copiloto Gameel Al-Batouti se hizo cargo de los mandos mientras el Comandante se ausentaba para ir al lavabo, según conversación grabada por el registrador de voz en cabina. Treinta segundos más tarde el registrador de voz grabó al Copiloto Al-Batouti, quien se encontraba entonces sólo en cabina, diciendo "A Alá me encomiendo".

Un minuto más tarde el piloto automático fue desconectado, y nuevamente a Al-Batouti se le escucha decir: "A Alá me encomiendo".

Tres segundos después, ambos mandos de potencia se retrasaron a cero y los timones de profundidad se movieron a una posición de 3 grados, picando el avión hacia abajo. Seis veces más el Copiloto repitió "A Alá me encomiendo", antes de que el Comandante entrase en cabina reclamando "¿Qué está pasando?". (8)

Los registradores de datos de vuelo indican que el Comandante podría haber tomado el control cambiando la posición hacia morro arriba, mientras Al-Batouti demandaba morro abajo al tiempo que paraba los motores.

Al Comandante se le escuchó exigiendo con voz de pánico "¿Qué es esto? ¿Paraste los motores?"

Tras una aparente lucha por hacerse con el control de la aeronave, el motor izquierdo se desprendió del plano debido a los extremos esfuerzos estructurales a que se vio sometido por las maniobras del avión. Menos de un minuto después el vuelo 990 caía en picado en el helado Atlántico, matando a todos a bordo.

En el período posterior al accidente del vuelo 990, en lo que podría describirse como un desenlace aún más estrafalario, los investigadores egipcios concluyeron que su aeronave se había accidentado únicamente como resultado de un fallo mecánico. Prefirieron ignorar todas las evidencias obtenidas del registrador de voz y de datos de vuelo de la aeronave -contenidos en las cajas negras- datos que indiscutiblemente apuntaban al suicidio del piloto.

Sin embargo, tras 18 meses de investigaciones por parte de la agencia americana NTSB, los resultados fueron publicados el 21 de marzo de 2002, siendo ésta su conclusión:

"El Departamento Nacional de Seguridad en el Transporte determina que la causa probable del accidente del Egypt Air 990 es el desvío de la aeronave de su trayectoria normal de vuelo y el subsiguiente impacto con el Océano Atlántico como resultado de las acciones del copiloto de relevo sobre los mandos de control. El motivo de dicha actuación no ha sido resuelto".

A pesar de la clara evidencia en poder de la NTSB, la esencia del informe aparece diluida. Por entonces, tras el 11-S, Egipto era un importante aliado en la guerra contra el "Eje del mal". Los Estados Unidos no deseaban enturbiar demasiado sus cordiales relaciones con Egipto. La culpa recaía en el copiloto, pero ciertamente se suavizó el informe, lo que sin duda alguna se consideraba necesario para salvar la cara a los egipcios.

De hecho, el informe final de la ECAA egipcia, basado principalmente en el de la NTSB, llegaba a una conclusión totalmente diferente con, precisamente, los mismos datos:

"El copiloto de relevo …. no lanzó en picado la aeronave deliberadamente hacia el océano. En ninguna parte de las 1665 páginas del documento de la NTSB o en los dieciocho meses de esfuerzos en la investigación hay evidencia alguna que apoye la 'teoría del acto deliberado'. De hecho, la grabación contiene evidencias específicas que refutan dicha teoría, incluyendo una evaluación experta del Dr. Adel Fouad, un psiquíatra altamente experimentado".

Los egipcios continuaron culpando al fallo mecánico, conclusión verdaderamente sorprendente considerando la evidencia de la NTSB.

Buscando un motivo al comportamiento de Al-Batouti, los medios internacionales sugirieron que éste habría sido reprendido por acoso sexual, un cargo muy serio dentro de una aerolínea musulmana. La represión había sido realizada por el jefe de Al-Batouti, quien precisamente se encontraba a bordo del funesto avión.

Pero no hubo mención alguna en los periódicos egipcios sobre las acusaciones de acoso sexual contra Al-Batouti.

Uno no puede más que imaginarse las razones de esta ilógica postura adoptada por las autoridades egipcias. El orgullo nacional estaba quizá en entredicho. Y en Egipto existe una fuerte aversión cultural al suicidio. El sector turístico del país, vital para la economía y servido por Egypt Air, habría sufrido un serio revés de haberse descubierto que, inmediatamente tras los atentados del 11-S, uno de sus pilotos era responsable de estrellar un avión de Egypt Air contra el océano, condenando a muerte a todos sus pasajeros.

Lo cierto es que todas las evidencias apuntan al piloto como la persona que, deliberadamente en un acto suicida, estrelló su avión, y ante tal evidencia cualquier otra conclusión tenía escasas posibilidades de prosperar. Y aunque la labor de los investigadores es exponer las razones exactas del accidente del vuelo 990, éstos deliberadamente suavizaron y diluyeron el informe para adaptarse a la política del momento, y en el caso de la ECAA, ésta ignoró totalmente los hechos.

Otros preocupantes actos realizados por Al-Batouti hicieron a éste merecedor de una severa reprimenda por parte del experimentado Comandante a bordo del vuelo 990.

Y a pesar de tan problemático comportamiento, a Al-Batouti se le permitió hacerse cargo, a él solo, del control de una aeronave con 217 pasajeros a bordo.

*

La Administración Federal de Aviación FAA exige a los pilotos comerciales americanos ser sometidos a un riguroso examen médico cada seis meses si son mayores de 40 años, y anualmente cuando son menores, así como pasar una evaluación sobre su estado emocional.

Las administraciones de aviación europeas exigen exámenes similares, al igual que la mayoría de los reguladores a nivel mundial. El porcentaje de suspendidos es bajo. En USA, por cada 1,000 pilotos evaluados, sólo a dos se les deniega el certificado por desórdenes mentales. A esos pilotos se les deja en tierra sin volar hasta que sean capaces de pasar el examen, si es que se da el caso.

En el mundo, la salud mental es un tema tabú, al igual que en aviación. Los pilotos salen despavoridos cada vez que oyen esa palabra; cualquier atisbo de enfermedad puede acabar con su carrera. Suficiente para disuadir a un piloto que intuya que semejante problema se avecina.

David Powell, de la Unidad de Medicina Ocupacional y de Aviación, de la Universidad de Otago, en Wellington, Nueva Zelanda, cree que la aviación va en dirección contraria cuando se trata de salud mental. "La depresión es común y tratable, por eso, la mejor manera de gestionarla en el mundo aeronáutico es dejar de esconderla", dice.

Sin embargo, de igual forma que la seguridad no es infalible, tampoco lo es ningún examen o test.

Los casos más llamativos de vuelo suicida fueron los llevados a cabo por personas con conocimientos básicos de vuelo, e incluso uno de ellos, Hano Hanjou, era titular de una licencia de piloto comercial. En los atentados del 11-S, los terroristas de Al Qaeda burlaron la seguridad del aeropuerto y lograron secuestrar cuatro aviones americanos. El resto es una infame mancha negra en la historia.

Como cualquier pasajero puede dar fe, desde el 11-S se han implantado extremas medidas de seguridad en los aeropuertos de todo el mundo. Y aún así, todavía se producen algunos incidentes de terroristas suicida.

El 25 de diciembre de 2009, Umar Farouk Abdulmutallab, un nigeriano con conexiones con Al Qaeda, intentó hacer explotar el vuelo 253 de Northwest Airlines, de Amsterdam a Detroit, con 290 pasajeros a bordo. Abdulmutallab había introducido explosivo plástico en su ropa interior. El dispositivo -una bomba química binaria y "arma de destrucción masiva" según los cargos imputados por el FBI- no detonó adecuadamente mientras el avión se aproximaba a Detroit. En su intento, las ropas del terrorista se incendiaron y un pasajero holandés, Jasper Schuringa, lo abordó y consiguió detenerle mientras otros apagaban las llamas originadas, que por sí mismas podrían haber ocasionado serios daños y estragos a bordo.

El incidente podía haber causado la destrucción y muerte de muchas personas pero falló debido a los torpes intentos del terrorista y a la rápida actuación de los pasajeros y la tripulación. Aunque los terroristas aprenden de sus propios errores.

En palabras de un experto en seguridad, Johannes Beck, "Siempre existen grietas en una armadura. Un terrorista solo debe tener éxito una vez, pero la seguridad o las agencias de lucha contra el terrorismo, cuya tarea es evitar a esos terroristas, tienen que tener éxito siempre".

No existen razones para pensar que no se producirán nuevos ataques terroristas, a pesar de las nuevas y más restrictivas medidas adoptadas. Los terroristas simplemente intentarán encontrar nuevas formas de salvar las contra-medidas. La disolución de Al Qaeda, así como la disolución de la OLP, puede crear una constelación de nuevos y decididos grupos de terror cuyo objetivo será atacar intereses occidentales, y eso incluye especialmente objetivos relacionados con la aviación, pues apuntan a un gran número de civiles inocentes y tienen una gran repercusión en los medios de comunicación.

El talón de Aquiles del negocio de la aviación es la regularidad de sus horarios y el elevado volumen de pasaje. En un esfuerzo para hacer frente a los ataques con bombas binarias como las del 25 de diciembre, en la mayoría de los aeropuertos internacionales se han implantados escáneres de cuerpo completo.

Pero como el experto en seguridad Becks añade: "Los escáneres de cuerpo no van a acabar con la amenaza terrorista. Simplemente harán que los terroristas encuentren otras formas más inteligentes y sinuosas para intentar secuestrar y destruir un avión. Los escáneres de cuerpo sólo introducen una barrera adicional en su camino, pero el terrorista al final encontrará la forma de salvar esa barrera adicional y cualquier otra que se interponga en su camino".

Lo cierto es que la seguridad tiende a ser reactiva, y por ello a menudo cambia de velocidad o modifica su centro de atención tras un suceso: escuche las noticias después de un incidente o ataque y oirá a menuda la cita "Los pasajeros afrontan incluso mayores medidas de seguridad y retrasos más prolongados en los aeropuertos internacionales tras la amenaza terrorista de hoy…"

¿Cómo pueden hacerse más estrictas la ya de por sí estrictas medidas seguridad?

Obviamente, para empezar, no eran perfectas.

La amenaza terrorista es también una de las mayores preocupaciones de la Federación Internacional de Asociaciones de Pilotos de Líneas Aéreas, grupo representante de pilotos a nivel mundial. El equivalente en América del Norte, ALPA Internacional, que alentó con éxito en los 70 el control de los pasajeros, elaboró recientemente un documento sobre esta amenaza.

"A la aviación comercial le han dado un importante regalo el día de Navidad del 2009 cuando el fallido ataque terrorista contra el vuelo 253 de Northwest proporcionó una llamada de atención. Nos recordaron nuevamente, que extremistas radicales y muy decididos continúan tramando nuevas y diferentes formas de infligir el mayor daño económico en la industria de la aviación, que acaba recientemente de sobreponerse a los asombrosos costes originados como consecuencia del 11-S".

Con semejantes preocupaciones en mente, podría preguntarse ¿qué clase de hombre o mujer querría afrontar un ambiente de trabajo potencialmente hostil en el que ellos mismos tienen que atarse en el asiento de una cabina y surcar los aires a cientos de millas por hora en un tubo de aluminio?

No sólo tienen que luchar con la creciente amenaza de un acto terrorista a bordo de su aerolínea, sino que diariamente tienen que afrontar catástrofes técnicas, un gran número asuntos relacionados con la seguridad, prolongadas horas de vuelo, y la posibilidad de inclemencias meteorológicas, meteorología que incluso parece está siendo cada vez más severa debido al calentamiento global.

¿Qué clase de hombre o mujer está preparado para afrontar esos retos diarios?

¿Qué les hace poseedores de lo que hay que tener?

¿En qué tipo de entrenamiento se hallan involucrados?

Y a fin y al cabo, ¿cuáles son sus temores y preocupaciones dentro de una industria aeronáutica rápidamente en expansión? Los pilotos se enfrentan a un incremento en la competencia y a una industria sin compasión donde la envolvente de la seguridad no sólo es evitada sino ignorada.

Trataremos de responder a estas preguntas en los próximos capítulos. Y algunas de las respuestas pude que le sorprendan e incluso le asusten.

Capítulo 5

Lo que hay que tener

¿Qué hace que un piloto sea seguro?

"Nos vamos al río Hudson". El Comandante Chesley "Sully" Sullenberger, respondiendo al controlador de tráfico aéreo que le preguntaba qué pista prefería para aterrizar el vuelo US Airways 1549, el 15 de enero de 2009.

Los orígenes de los aviadores son muchos y muy distintos. Tienen sus rarezas como cualquier otra persona, pero se puede generalizar cuando se trata de definir las características básicas de un piloto. Hay ciertos rasgos que deben estar presentes.

Por encima de todo, los pilotos tienen que ser supervivientes con gran agilidad mental. Están continuamente evaluando lo que tienen que hacer y se cuestionan si lo que han hecho está funcionando.

No importa lo que pase no pueden simplemente encogerse de hombros y abandonar.

Una y otra vez, los registradores de voces en cabina han desenterrado las últimas y desafiantes palabras de una tripulación que luchaba contra el amargo final para recuperar el control de una aeronave dañada, en una situación desastrosa.

En los negocios, una respuesta común y algo frustrante es "Vale,

31

yo me encargo del problema ; ya te digo algo". Los pilotos no se pueden permitir ese lujo.

Continuamente deben evaluar un problema y a menudo actuar en cuestión de segundos. Y el problema puede no ser menor –a menudo son de esos que deciden el destino de cientos de personas.

La industria de la aviación requiere que los pilotos se ajusten a los procedimientos operativos estándar- estos procedimientos están consagrados por el manual de la aeronave y se espera que las tripulaciones los sigan al pie de la letra, especialmente en casos de emergencias- aun así, la Consejera de Ciencia y Tecnología del jefe de la Administración Federal de Aviación estadounidense, la FAA, la doctora Kathy Abbott, cree que hasta el 30% de los fallos en las aeronaves no estaban previstos por los diseñadores de los sistemas, por lo que no había lista de procedimientos para los mismos.

Esto no hace sino más obvio si cabe que hay momentos en que los hombres y mujeres en las cabinas de vuelo tienen que ser el tipo de personas que, no sólo sean capaces de adherirse a los procedimientos operativos estándar, sino que si éstos no sirven y afrontan una situación de vida o muerte, entonces sean también capaces de pensar más allá de lo prescrito.

Existen otras cualidades que los pilotos deben poseer.

Independientemente de lo que piensen de la vida fuera del trabajo, una vez sentados en sus cabinas los pilotos deben ser totalmente optimistas. Cuando la cosa se pone fea de verdad deben mantener la calma, trabajar no sólo para que la cosa no se descontrole sino que deben además descifrar las causas de la situación.

La única forma de inculcar este instinto de verdad es la práctica de salvar vidas en un simulador de vuelo.

Se suele formar un equipo entre el Comandante y el copiloto y a lo largo de dos días actúan como una tripulación cohesionada mientras el examinador les aborda con escenarios catastróficos. Deben entonces convertir estas situaciones en problemas gestionables, sin importar si son fuegos de motor, fallos de sistemas, mal funcionamiento de las superficies de control de vuelo, o cualquier combinación de ellos. A su vez, se simulan las situaciones de peligro con mercancías peligrosas y de seguridad o secuestro.

Los pilotos deben pasar estos exámenes o se enfrentan a la reevaluación, reentrenamiento o la pérdida de su licencia de vuelo.

¿Pero reciben suficiente entrenamiento? Esta pregunta ha sido tratada en un informe sobre seguridad de vuelo de la Asociación de pilotos de Estados Unidos en septiembre del año 2009 y el resultado concluyente fue que NO. (9)

Sin embargo, la industria y sus reguladores no siempre escuchan tales testimonios hechos por aviadores experimentados, sino que a veces los ignoran completamente.

Como con la tripulación del influyente desastre de la compañía Colgan Air en febrero de 2009, que será examinado en el Capítulo 13, veremos como se dan prácticas peligrosas en la industria que generan un entrenamiento deficiente de las tripulaciones.

En algunos casos estas prácticas temerarias se han mantenido durante más de seis décadas y han puesto en peligro la vida de millones de pasajeros no conscientes de ello. En ocasiones el entrenamiento puede ser recortado enormemente debido a restricciones de tiempo, tanto de disponibilidad de simulador como por la gestión de recortes desmedida o fallos en la regulación.

Los lectores estarán al tanto de los heroicos esfuerzos del Comandante Chesley "Sully" Sullenberger. Es increíble como el Comandante Sullenberger consiguió amerizar su Airbus A320 en el Río Hudson con tanto éxito.

Cualquier piloto con el que quiera hablar de ello se mostrará sorprendido. No porque sean menos capaces –algunos son más y otros menos- y no porque pensaran que ellos no podrían haber hecho lo mismo. En contra de lo que podamos creer, los pilotos de líneas aéreas, a diferencia de algunos pilotos de helicópteros, no practican el amerizaje en el agua.

Sin embargo, junto con los tripulantes de cabina de pasajeros, los pilotos practican en una piscina las consecuencias de un amerizaje al menos en una ocasión.

También puede sorprender a algunos lectores saber que en la actualidad no existe ningún programa de simulador para el aterrizaje en el agua, además de no haber ningún escenario de entrenamiento realista de como amerizar una aeronave. A decir verdad, sería una situación difícil de reproducir.

En las conclusiones del milagro del Río Hudson, por contra, la NTSB (organismo encargado de la investigación de accidentes en los Estados Unidos), criticó duramente la falta de entrenamiento en la industria de este tipo de accidentes.

Además de las tensiones esbozadas anteriormente, existen un sin número de presiones en el trabajo concreto de pilotar una aeronave a menudo con cientos de pasajeros a bordo, así como en el protocolo diario de la preparación del vuelo.

Dado que vivir de pilotar aviones no es profesión para introvertidos, la sala de operaciones de una aerolínea donde los pilotos se presentan al trabajo y preparan los vuelos puede considerarse un sitio único.

En el quinto día de una semana de madrugones con presentaciones a las 5 a.m., no es fácil llegar a esa hora de la mañana y alegrar a los demás el resto del día con un buen saludo y una sonrisa. Hay gruñidos, ojeras y se asiente con la cabeza. Un efímero estado de alerta inducido por la cafeína.

Cuando los pilotos pasan sus exámenes de vuelo o están en el proceso de promocionar a Comandantes pueden llegar a presentarse una hora antes, lo que significa las cuatro de la mañana para una presentación programada de las cinco —todo ello teniendo en cuenta que legalmente la actividad programada puede llegar a las trece horas, más una o dos adicionales por extensiones debidas a causas imprevistas.

Las programaciones pueden ser duras; no es trabajo para los apocados. La preparación del vuelo significa el acopio de toda la información, su chequeo completo, planificar quizá cuatro tramos —los tramos son vuelos completos en un sentido entre dos aeropuertos- y rellenar los formularios pertinentes. Hay que revisar la predicción del tiempo, los avisos aeroportuarios, y las condiciones técnicas de la aeronave que van a volar ese día (es en esta fase cuando los pilotos esperan ser capaces de detectar algún error previo cometido por los despachadores del vuelo y cazar algo oculto entre tanto papel, si lo hubiera, que pueda dar indicios de problemas más tarde).

Entonces deben dirigirse a la aeronave cruzando el aeropuerto, realizar la inspección visual, completar los chequeos de seguridad e informar, si el tiempo lo permite, de las cuestiones relevantes del vuelo a la tripulación de cabina de pasajeros. Asimismo deben programar los computadores encargados de la gestión del vuelo, chequear los libros de mantenimiento, rellenar los datos del vuelo y gestionar las cuestiones relativas al embarque de los pasajeros o la carga a bordo, los intervalos autorizados de despegue y los fallos técnicos, si los hubiera.

Algunas aerolíneas permiten sólo un tiempo de 45 minutos desde que el piloto se presenta al trabajo para completar todo lo descrito. Otros establecen escalas entre vuelos ultra rápidas —de 25 minutos entre que la aeronave llega a su aparcamiento hasta que inicia el retroceso con una nueva carga de pasajeros.

Segundos para el desastre

¿Cansados ya? Pues los hombres y mujeres que se encuentran atrapados por la pasión de volar y que hipotecan sus casas y hogares por ello, lo tienen claro.

El coste de una licencia de piloto comercial, más los extras, sigue aumentando por encima de los 100,000 euros. Un año y medio a tiempo completo, incluyendo fines de semana, y no significa el final del proceso. Ni siquiera es el coste inicial.

Cada vez más pilotos tienen que pagar por el curso que les habilita a volar un avión concreto, al menos otros 30,000 euros por un trabajo donde le pagan sólo eso por un año completo, si se es afortunado.

Tener "lo que hay que tener" solía significar que el piloto tenía una combinación de los rasgos característicos del trabajo, junto con una vocación o amor al vuelo. En estos días "lo que hay que tener" puede simplemente significar tener una chequera sin fondo en lo que gastar el dinero y poco más.

Puede significar también verse obligado a entrar en el mundo del *"piloto que paga por volar"* porque los pilotos deben adquirir experiencia, donde sea, como sea. Pueden pagar treinta mil euros sólo por el privilegio de ganar experiencia en aviones reactores llenos de pasajeros durante un periodo de hasta seis meses.

No hay manera de evitar que los "principiantes" vuelen en una aerolínea con instructores y en estos casos, acompañados por un piloto de seguridad hasta que el Comandante está convencido de que en el caso de su propia incapacitación, el "alumno" podría aterrizar de forma segura la aeronave. El problema del sistema del *piloto que paga por volar* es que en muchos casos hay un alto índice de renovación de pilotos inexpertos sentados en el puesto de la derecha con pasajeros que pagan a bordo.

Sí, lo ha leído correctamente. Usted, el pasajero, a veces vuela con pilotos novatos que pagan por el privilegio de sentarse a la derecha en la cabina. Y eso nos lleva a otras turbantes revelaciones que el público debe saber.

Capítulo 6

Secretos que el público debería saber

Cuando los pasajeros *y los pilotos* pagan por sus asientos en una aeronave

"Históricamente, la potencial aptitud de un piloto se evaluaba en una entrevista, ahora parece que es la posibilidad de pagar". Comandante veterano de líneas aéreas. Marzo 2010.

El piloto que le transportó recientemente en un vuelo puede estar durmiendo en un parking dentro de su propio coche, puede haber dormido en el suelo o en el sofá de un amigo la pasada noche, y la noche anterior a esa y la anterior a esa, porque él o ella no pueden permitirse llevar una vida normal con un salario mínimo, o sin él, o quizá su aerolínea le ha trasladado de su base con dos días de aviso y no tiene ni tiempo ni dinero para buscar un alojamiento adecuado.

Puede que no tenga trabajo seis meses después con la aerolínea con la que firmó contrato, y para ser honesto, sus posibilidades no son buenas mientras haya otro potencial piloto, con un talonario de cheques que, quizá, no es capaz de percibir completamente lo que le espera.

Esto es el *piloto que paga por volar* y es lo que llega a su línea aérea más cercana.

"Este tipo de entrenamiento es pura supervivencia". Comandante Instructor de una aerolínea de bajo coste europea.

Los pilotos en prácticas que solían alquilar una Cessna, un pequeño avión mono o bimotor en el que comprar tiempo de vuelo y experiencia, ahora pueden comprar tiempo en un reactor comercial con pasajeros de pago a bordo. Las aerolíneas y las escuelas de vuelo vieron una oportunidad para ganar dinero de aquellos mismos que querían serían pilotos, y empezaron a poner a disposición para el alquiler -a aquéllos con el dinero- el asiento derecho de un avión comercial de pasajeros.

Viajando como pasajero a bordo de algunas de las líneas aéreas envueltas en las estratagemas de pagar por volar, las probabilidades son que el copiloto en el asiento derecho de la cabina de vuelo no sea antiguo, sino que en realidad sea muy moderno y que haya pagado mucho más que usted para estar sentado en su asiento.

Su piloto puede haber gastado una importante cantidad para aprender no sólo a volar ese avión, sino para coger experiencia en él. Las líneas aéreas de todo el mundo están adoptando esta práctica y no siempre porque necesiten pilotos. A la mayoría de dichos pilotos se les descontrata al final del período de instrucción y son reemplazados con otra hornada de aprendices, porque es otra fuente de ingresos y garantía de mano de obra barata para las aerolíneas.

Por eso no se engañe, los apasionados pilotos cadetes a menudo pagan para sentarse en ese avión, al igual que hizo usted. Usted, el pasajero, puede pensar que está volando en una aerolínea pero puede, en realidad, estar a bordo de una pseudo escuela de vuelo.

En el 2007, un A320 de Thomas Cook sufrió un gran daño cuando el avión rebotó tres veces en el aterrizaje. Los investigadores de accidentes aéreos se centraron en el cadete que pagaba por volar que ejercía el control del avión en el momento del accidente. "La escuela comercial de vuelo pagó a la aerolínea para que ésta se viera involucrada en el entrenamiento, permitiendo a la línea aérea obtener ingresos a través de su departamento de instrucción", dice el informe de la Unidad de Investigación de Accidentes Aéreos AAIB, al respecto de este serio incidente. (10)

La pregunta que debe hacerse es: ¿es apropiado permitir a pilotos aprendices comprar tiempo en un reactor comercial de pasajeros?¿debería permitirse a las líneas aéreas obtener ingresos del asiento de un piloto en lugar de, como parece más lógico, proporcionar pilotos con contratos permanentes a tiempo completo y bien experimentados?¿no merece usted, el pasajero, aquello por lo que ha pagado? Parece como si el regulador estuviese haciendo la vista gorda ante esta peligrosa práctica.

Cuando usted reserva un vuelo con una aerolínea, ¿no están moralmente, si no contractualmente, obligados a proporcionar tripulaciones experimentadas que harán todo lo que esté en sus manos para transportarle de forma segura? Exponiendo a los pasajeros a una elevada rotación de pilotos ¿están esas aerolíneas aprovechándose de su confianza y fe ciega?

¿Porqué muchos aviadores y entendidos de la industria consideran esto como una práctica peligrosa?

Para algunas aerolíneas, puede significar la presencia continua de pilotos inexpertos en la cabina de vuelo. Su inexperiencia somete a tensión a sus ya fatigados Comandantes realizando sus tareas con sobrecarga de trabajo. No sólo eso, la experiencia y el entrenamiento que reciben los cadetes puede reducirse debido al ambiente de fatiga, diluyendo la experiencia entre los pilotos. Preguntamos a una compañía de bajo coste si un elevado número de cadetes en constante rotación es conveniente para una operación segura, y si es justo para el confiado público de quien depende y que

Segundos para el desastre

confía en que le proporcionarán las tripulaciones más expertas que pudieran tener.

Rehusaron hacer comentarios.

En realidad, rehusaron comentar las cuatro páginas de preguntas que les propusimos (11). Hemos decidido no identificar a la compañía repetidamente mencionada pues ello daría la impresión al lector de que ésta es la única aerolínea afectada por estos asuntos cuando desafortunadamente no es así.

La presencia de *pilotos que pagan por volar* y puestos de trabajo de salario bajo en aerolíneas regionales, inducen al pluriempleo, residencias en otros lugares y a presión financiera. También significa que los jóvenes pilotos novatos no consolidan su entrenamiento y su experiencia permanece a niveles bajos.

En el estilo de línea aérea tradicional -aerolíneas tradicionales son aquellas aerolíneas que son grandes, de máxima garantía y de marca bien conocida, que han volado mucho durante décadas, como British Airways, Delta, Lufthansa y muchas más- podía, y todavía puede llevar al menos diez años llegar a ser Comandante de una aeronave a reacción. Esto significa volar con Comandantes muy experimentados durante la mayor parte de ese tiempo, que tienen al menos diez o quizá veinte años de experiencia.

Los transportistas de bajo coste, por otra parte, pueden ver como un piloto nuevo cambia al puesto de Comandante de una aeronave a reacción en tres años, y entonces un piloto nuevo recién entrenado se sienta con el nuevo Comandante quien tiene solo tres años de experiencia. Tres años más tarde el nuevo piloto llega a Comandante y su nivel de experiencia se ha diluido aún más. Éste es un fenómeno nuevo y todavía tenemos que ver a dónde nos lleva y cuáles son las lecciones aprendidas. Pero una cosa es cierta; no va a ser una lección agradable y con toda probabilidad, cualesquiera que sean los malos resultados, culparán a los pilotos y no al sistema.

¿Existe alguna solución? Quizá los reguladores de aviación no deban permitir por más tiempo una elevada rotación de pilotos aprendices por el mero hecho del beneficio, sino sólo formar pilotos cuando haya una necesidad.

De lo contrario, parece que el esquema de *piloto que paga por volar* seguirá permitiendo a las aerolíneas abusar de la confianza de los pasajeros.

El ex-Comandante de líneas aéreas y ahora abogado en aviación John Greaves cree que el sistema de pagar por volar que se está extendiendo por todo el mundo como un fuego salvaje es un desastre de por sí. "Es tan malo como la situación del Colgan que causó el accidente del vuelo 307, y es sólo una cuestión de tiempo".

Capítulo 7

Aerolíneas letales

Cuando es más seguro no volar

"Estuve sentado una vez como pasajero, algo preocupado, en una aeronave a punto de entrar en pista en el aeropuerto moscovita de Sheremetyevo, en mitad de una tormenta de nieve, y fui testigo de como dos mecánicos intentaban ganarle la batalla a la cubierta de un motor para conseguir ponerla en su sitio a base de golpes de maza. Para mi decepción, lo consiguieron finalmente.

Mientras llamaba a la azafata para trasladarle mi preocupación, la aeronave iniciaba el despegue. De forma segura, lo que me pareció un milagro. Fue después de veinte minutos cuando la azafata se aproximó con el carrito de las bebidas y me dio un vaso de poliestireno para mi bebida. Alrededor de su borde se podía ver pintalabios y el contorno de la marca de dientes. Estaba en el vuelo al infierno..."

La lista de aeronaves prohibidas para volar en espacio aéreo europeo es suficientemente larga como para llenar 26 páginas. (12)

El regulador en Estados Unidos, la FAA, dispone una lista de regiones o estados que no tienen aprobación. Las aerolíneas de esos estados o regiones tienen prohibido entrar en su espacio aéreo pero, increíblemente, la FAA no especifica las aerolíneas, lo que no debe ser muy útil para usted el pasajero cuando planifica su viaje al extranjero.

La agencia europea, sin embargo, actualiza regularmente la lista y le dice abiertamente los nombres de las compañías que no cumplen los estándares.

Hay miles de aerolíneas en todo el mundo, pero algunas no son de hecho reales y son conocidas en la industria como aerolíneas virtuales. Alquilan o subcontratan aviones y tripulaciones de otras compañías.

Flight Global, un analista líder en aviación, dice esto del fenómeno de las aerolíneas virtuales: "Los operadores de transporte aéreo proporcionan un servicio único. No deberían ser tratadas, legalmente, como compañías que venden billetes para, digamos, asientos de un teatro. En ninguna fase antes, durante o después de la actuación teatral se encuentra la audiencia con sus asientos transportados conjuntamente a velocidades cercanas a los 300 km/h a lo largo de un corto camino asfaltado en un vehículo de tres ruedas que no fue diseñado para operar en el suelo, antes de ser lanzados al aire. Tampoco ninguno de los teatro-adictos contratan pasar varias horas en un conteiner presurizado artificialmente atravesando la troposfera a 750 km/h antes de estar apuntando a otra franja asfaltada donde impactar a algo así como 250 km/h".

Prosiguiendo con la analogía teatral, una aerolínea virtual puede no ser más que una agencia de billetes.

Flight Global cree que las aerolíneas virtuales deberían ser cosa del pasado. "Lo que realmente proporciona seguridad en una aerolínea son líneas continuas de responsabilidad y control, una escala de valores corporativa, y un conjunto de procedimientos operativos estándar de compañía. Una agencia de billetes que subcontrata a sus clientes con tres o cuatro operadores distintos todos ellos con diferentes aeronaves no puede ofrecer los estándares que sus pasajeros esperan cuando compran un billete de avión". (13)

La compañía Spanair, en aquel entonces con problemas financieros y perteneciente al grupo escandinavo SAS, usaba también empresas subsidiarias para ayudarle a completar su programa de vuelos, lo que unía al caos de gestión que llevó al fatídico accidente del vuelo 5022. La asociación de pilotos española, preocupada por el deterioro de los estándares de seguridad, contactó en continuadas ocasiones con los gestores durante el año previo a la tragedia de Barajas.

Otro preocupante cambio es que muchas aerolíneas están ahora cuestionando la autoridad del Comandante a bordo de la aeronave, para evitar que tome decisiones de seguridad que pueden costarles dinero. Los pilotos pueden elegir entre ir a juicio o encontrarse en circunstancias de empleo difíciles por decisiones relacionadas con la seguridad que no les parecieron bien a los gestores. Por ejemplo, un desvío al alternativo por razones de seguridad puede ser muy costoso para una aerolínea, así como lo puede ser un retraso en el embarque por cuestiones de recarga de combustible. Las aerolíneas pueden también prohibir a sus pilotos ser miembros de sindicatos o asociaciones de pilotos, el problema es que en aviación, estas asociaciones pueden servir de última línea de defensa.

La Asociación Europea de Pilotos, cuya prioridad principal son los temas de seguridad de sus pilotos, ha dicho: "en muchas de las nuevas compañías de bajo coste no existen los sindicatos independientes de pilotos. Estas compañías tienden a usar pilotos contratados por terceros que dependen totalmente de la satisfacción de los gestores para conseguir que les renueven sus contratos. A causa de esto, los pilotos no tienen protección alguna contra los intentos de gestores mal informados o dirigidos meramente por aspectos comerciales, que les empujan a llevar a cabo acciones que van en contra de su criterio profesional". (14)

Segundos para el desastre

US Airways, la aerolínea contratante de los pilotos del milagro del Río Hudson, no es inmune a los problemas. Una reciente auditoría hecha por Illumia, de la Universidad de Illinois, encontró que la cultura de seguridad es escasa y "ha conducido a recortes o atajos". Los gestores han rechazado el informe.

En boca de Tom Kubik, presidente del comité de seguridad de US ALPA, "una pobre cultura de seguridad afectará inevitablemente los historiales de seguridad". (15)

El Comandante Chesley Sullenberger y el primer oficial Jeffrey Skiles, la tripulación que amerizó satisfactoriamente su moribundo A320 en el Río Hudson en Nueva York no han dudado en denunciar las preocupaciones que tienen acerca de su propia aerolínea.

"El éxito del vuelo 1549 fue debido a la profesionalidad, experiencia y dedicación a la seguridad del grupo de empleados de US Airways, especialmente de sus pilotos y tripulantes de cabina de pasajeros. Esto ha sido así a pesar de la gestión de US Airways y no por causa de la misma. La continua seguridad de nuestros pasajeros requiere que los gestores de US Airways generen un auténtico compromiso con la seguridad y creen una cultura de seguridad efectiva en colaboración con su grupo de empleados. Recomendamos a los empleados de US Airways que centren su atención en la seguridad de los pasajeros, a pesar de la falta de liderazgo de los gestores, sus ataques a la autoridad del Comandante, y la creación de una falsa cultura de seguridad", dijeron Sully Sullenberger y Jeffrey Skiles.

Duras palabras verdaderamente. Entre tanto los pasajeros se atan a sus asientos, completamente inconscientes de que los pilotos en los que depositan su confianza están cada vez más acorralados entre la espada y la pared. O satisfacen los requisitos de los gestores disminuyendo los márgenes de seguridad, o simplemente dicen que no poniendo sus puestos de trabajo en peligro. Los pilotos más seguros de sí mismos, los que están respaldados por el sindicato o la asociación de pilotos no son tan vulnerables a estas presiones. Pero como veremos ahora, incluso los pilotos que tienen este respaldo se encuentran demasiado descorazonados o intimidados como para hacer este tipo de llamamientos cuando más importa.

*

"En mi vida privada he estado borracho y he estado fatigado, ambas sensaciones son muy similares y ambas tienen efectos debilitantes. Sólo he experimentado una de ellas en la cabina de vuelo, la fatiga y es lo mismo que si hubiera estado borracho". Comandante instructor de aerolínea.

Una palabra peculiar, fatiga; sugiere muchas cosas a mucha gente y es fácilmente rechazada por los escépticos. Es una condición difícil de probar incluso cuando el paciente fatigado se presenta como tal en el médico; es fácil ver cómo las referencias a la misma se omiten en un accidente de aviación o un incidente serio. A pesar de esto, la fatiga es considerada por los investigadores como un factor contribuyente en el 20% de los accidentes de aerolíneas, un número a veces rebatido por las propias líneas aéreas.

Se dice que la seguridad es la prioridad número uno de toda aerolínea, pero no todos los pilotos creen que eso sea verdad en la compañía para la que trabajan. "A lo largo de los tres últimos años los costes han sido el foco primordial del negocio", dice un Comandante.

La fatiga puede ser una palabra perversa en aviación pero muchos pilotos sostienen que está siempre muy presente y que "simplemente se ha convertido en parte de nuestro trabajo". (16)

Para minimizar el riesgo muchas aerolíneas usan sistemas de gestión de fatiga para monitorizar las programaciones de trabajo de los pilotos. Pero dichos sistemas no siempre se cumplen o son defectuosos. Algunas aerolíneas ni siquiera reconocen la fatiga como un problema. Para los pilotos, esto significa que a menudo son llevados al límite.

Un Comandante de línea aérea comercial en una gran compañía de bajo coste habla sobre cómo su constante estado de fatiga está afectando a los estándares de entrenamiento que proporciona a sus alumnos pilotos. "Ya no me molesto en pensar más; simplemente sé que estoy demasiado cansado para preocuparme. Sé que he cometido varios errores durante mi última sesión de simulador, seguro de que la tripulación ha fallado en algún punto, pero no tengo ni idea de que han hecho. Estaba simplemente demasiado cansado para preocuparme". (17)

Demasiadas tripulaciones -incluidas las azafatas, ya que también hay muchos proyectos de *pagar por volar* de azafatas- tienen miedo a declararse fatigadas por temor a perder su trabajo. Volar cuando se está enfermo debilita la habilidad de un miembro de la tripulación en la toma decisiones seguras; también se añade a los niveles de fatiga. Un piloto fatigado/distraído se encuentra a solo un pequeño paso de fallar en sus funciones en su conjunto.

El ULC, University College de Londres, realizó una encuesta entre los pilotos de una aerolínea (18). La encuesta descubrió que a menudo los pilotos volaban hasta el máximo de horas consideradas seguras, y que habían volado por encima y más allá de los límites de seguridad recomendados como horas de trabajo al día en al menos 24 ocasiones en un año. Los niveles de fatiga, problemas de sueño, niveles de ansiedad y depresión eran mayores de lo que se supone en la población general. La encuesta encontró y analizó la pobre salud mental de los pilotos (19). Resultados como éstos deberían hacer sonar las alarmas.

En el accidente del Colgan Air en 2009 en Búfalo, 50 personas fallecieron. La fatiga inducida por los largos traslados de los pilotos fue citada como un contribuyente del accidente (20). En 2010, un Boeing

737 de Air India se salió de la pista, se cayó por un precipicio y el fuego se propagó entre los restos. 158 muertos. La fatiga se citó como un factor clave del accidente. (21)

En los Estados Unidos, las nuevas normas relativas a tiempos de actividad de vuelo establecidas por la FAA a finales de 2011 no son suficientes. "Estoy muy angustiado con las nuevas normas" le dijo a un canal de la NBC John Nance, un ex piloto de la Fuerza Aérea y piloto de aerolíneas, "porque ni siquiera se han aproximado a lo que es necesario y muestran el hecho de haber escuchado las quejas de las aerolíneas. Durante mucho tiempo hemos necesitado un cambio comprensible en los controles de los tiempos de actividad contra la fatiga y esto simplemente ignora cerca de 25 años de investigación". (22)

La Unión europea está a punto de hacer caso omiso a las mismas investigaciones, incluyendo los recientes estudios sobre la fatiga de los pilotos llevados a cabo por la Agencia Europea de Seguridad de la Aviación : "parece que han elegido ignorar la mayoría de las recomendaciones si éstas impactan negativamente en los intereses comerciales de las aerolíneas", dice el Secretario General de la Asociación Europea de Pilotos Philip von Schöppenthau.

La gran presión de las aerolíneas para permitir que los pilotos trabajen incluso más horas sigue teniendo mucha influencia (23). Y esto es a pesar de que los estudios científicos recomiendan lo contrario.

Por ejemplo, los estudios son unánimes en que las actividades nocturnas son particularmente generadoras de fatiga y deben ser limitadas a 10 horas de tiempo de actividad de vuelo. Y aun así la agencia se rindió a las demandas de la industria y ha establecido 11 horas (24). Los reguladores europeos van a introducir en breve nuevas severas jornadas de trabajo a los pilotos, a pesar de las protestas de los grupos de pilotos y azafatas preocupados por la seguridad aérea. (25)

Un estudio de un grupo de pilotos sugiere que el 50% de los muestreados están por encima de los umbrales de trastorno de sueño. (26)

Si un piloto le mata debido a un error causado por la fatiga, seguro que será culpado por ello.

Y todavía la aerolínea para la que trabajaba seguro estará en su derecho de levantar la mano y decir, "pero era legal…"

Capítulo 8

Mantenimiento inadecuado

Cuando hacer lo justo no es suficiente

El 20 de diciembre de 1995, el vuelo de American Airlines 965 se encontraba esparcido en fragmentos en la ladera de una montaña cercana a Cali, Colombia. Mientras los cuerpos yacían todavía en el suelo, los helicópteros que traían a los rescatadores se llevaron las reversas de los motores, equipos de aviónica de la cabina de vuelo e incluso el tren de aterrizaje del Boeing 757. American Airlines fue obligada a publicar los números de serie de todos los elementos desaparecidos, revelando por primera vez el tamaño de una oscura industria; un mercado negro de piezas de aeronave.

En Europa, los aviones vuelan cotidianamente a América del Sur o a Asia para realizar el mantenimiento de gran envergadura, y los ahorros en costes pueden ser millonarios. Los ya altamente exitosos comerciantes de repuestos no autorizados, pueden obtener aún más provecho de la externalización del mantenimiento que hacen las aerolíneas a remotos confines del mundo.

Parece ser que nadie es inmune a este problema. En la nave espacial Keppler de la NASA, ahora investigando las profundidades de nuestro sistema solar, se encontraron un número indeterminado de piezas falsificadas; se originó un retraso de 9 meses en su lanzamiento. La NASA ha estado abordando este problema durante años. "A menudo descubrimos tarde que son piezas falsificadas", dice Christopher Scolese, que en aquel entonces era el administrador en funciones de la agencia espacial. "Se descubre cuando (la pieza) está a bordo de la nave espacial o, lo que es peor, cuando el cohete está en el espacio". (27)

El ejército americano cree que debe haber hasta un 80% de piezas falsificadas en su inventario (28). Algunas han sido halladas incluso a bordo del propio Air Force One, el avión del Presidente de los Estados Unidos.

Si estas instituciones americanas no pueden atajar el problema, ¿qué esperanza tiene un avión de pasajeros de poder ser llevado a un centro de mantenimiento no seguro?

Un simple y robusto tornillo de metal puede costar normalmente unos pocos dólares, o menos. Pero si está destinado a ser usado en una aeronave, un tornillo de un metal especial puede costar cientos de veces más; probablemente tendrá que ser fabricado para soportar tolerancias excepcionalmente altas, y ser increíblemente duradero, capaz de tolerar esfuerzos y temperaturas extremas. El motivo para involucrarse en la ilícita fabricación y suministro de piezas falsas de aeronave es simple: el beneficio. Pero a menudo estas partes fallan, con resultados catastróficos.

8 de septiembre de 1989. El vuelo Partnair 394 se encontraba a 20,000 pies, fuera de la costa danesa. Unos tornillos falsificados fallaron haciendo que la sección de cola se desprendiese. Todas las personas a bordo, 55, fallecieron.

Los repuestos del mercado negro llenan los inventarios de las líneas aéreas y compañías de mantenimiento de todo el mundo, pero las aerolíneas no harán mención de este problema en público. Por eso, nadie sabe la verdadera dimensión del problema de la falsificación o piezas no autorizadas.

La externalización del mantenimiento de aeronaves por parte de las aerolíneas a centros alejados o desconocidos por no haber sido previamente utilizados, se ha reconocido que en ocasiones incrementa el riesgo de que estos elementos falsificados acaben siendo instalados en las aeronaves. Lo que puede también impedir la capacidad del regulador para controlar el origen de las piezas.

Los repuestos no aprobados, reutilizados o falsificados casi siempre van acompañados de papeleo falso, generado muy profesionalmente, y de etiquetas diseñadas para engañar al personal de mantenimiento.

Los falsificadores se están volviendo cada vez más sofisticados, y a menudo emplean grabaciones láser de las propias piezas para crear marcas y números de serie de fabricantes. Porque los repuestos de aeronave son increíblemente caros, y en el caso de aviones viejos difíciles de proveer, el mercado negro de repuestos para aviación es altamente lucrativo. La cabecilla de un cártel de piezas falsificadas dijo que se había pasado de la distribución de drogas al de piezas de aeronaves, simplemente porque era mucho más lucrativo.

Se estima que el comercio de presuntas piezas no aprobadas, conocido como SUP's *(Suspected Unapproved Parts)* podría mover miles de millones de dólares anualmente. La FAA estima que cada año se emplean 520,000 piezas falsas. Estas piezas no cumplen con los controles de calidad, pueden probablemente no cumplir con las estrictas tolerancias del fabricante, y puede que no sean aptas para su función. Si se emplean en partes críticas del avión pueden probablemente matar.

El 19 de junio de 1995, un motor de un ValuJet DC-9 explotó. Los fragmentos penetraron como cuchillos dentro el avión, originando un fuego en cabina e hiriendo a varios pasajeros y miembros de la tripulación.

Se mencionó un centro de mantenimiento turco no aprobado. (29)

Pero las piezas de aeronave no son el único problema de "falsificaciones". Personal no cualificado o no entrenado está reparando y entregando aeronaves para el servicio.

Inspectores de la FAA, con limitados recursos, que consiguieron inspeccionar instalaciones de mantenimiento externalizado han descubierto personal que trabajaba en aeronaves con un entrenamiento insuficiente o no cualificado. Incluso las licencias de piloto se han sumado al problema de la falsificación: en 2010, la Autoridad de Aviación Civil de Filipinas pidió al Departamento Nacional de Investigación que estudiase la proliferación de licencias falsas. (30)

Algunas aerolíneas americanas son multadas cada año por fallos en la realización del mantenimiento esencial de las aeronaves o por no implementar las recomendaciones de seguridad. Estas prácticas ponen millones de vidas en peligro de muerte.

Llevar a sus aeronaves al límite es una de las formas de ahorrar dinero para una aerolínea con falta de liquidez. El intercambio de piezas de una aeronave a otra para evitar límites de sustitución; hacer caso omiso a los programas de mantenimiento y no ajustarse a las normativas establecidas por las autoridades y los fabricantes constituyen otras formas subrepticias de ahorrar dinero. Muchas aerolíneas retrasan la sustitución de piezas falladas hasta "la fecha límite".

Y haciendo esto, la seguridad de la aeronave se ve afectada.

En 2003, un 757 de British Airways sufrió un importante problema de control de vuelo tras el despegue de Londres Heathrow; humo de aceite del motor invadió también la cabina de vuelo. Los problemas sucedieron después de que la aeronave volviese de mantenimiento. "Una ineficaz supervisión del personal de mantenimiento había permitido que se desarrollasen prácticas de trabajo que comprometían el nivel de control de la aeronavegabilidad, y se había convertido en una práctica aceptada como norma" dijeron los investigadores. (31)

Parece ser que la transigencia se está dando cada vez más y más a menudo en la industria de la aviación. Como ha señalado recientemente un ingeniero de aeronaves con contrato temporal: "Pedí al nuevo ingeniero que inspeccionase un alerón de aeronave (una superficie crítica de control que afecta el movimiento en alabeo del avión). Me miró desconcertadamente y me dijo que no sabía lo que era un alerón".

El mantenimiento de aeronaves solía realizarse por ingenieros plenamente cualificados. Ahora es más barato tener entrenado a un solo ingeniero como supervisor, mientras al resto del personal de mantenimiento se les entrena para trabajar en un solo sistema como el tren de aterrizaje, o los sistemas hidráulicos, y se les paga mucho menos que a sus anteriores colegas cualificados para todo ello. Normalmente, un supervisor debe comprobar el trabajo de hasta una docena o más de estos "especialistas".

Las aeronaves modernas están formadas por complejos equipos, y la ironía es tal que, cuanto más automáticos son, más interdependientes llegan a ser unos de otros. Cuando un especialista no llega a comprender totalmente las repercusiones de un sistema sobre otro, se crea la posibilidad de error.

Los errores, incluso menores, se encuentran en la causa raíz de todos los desastres.

Un MD-80 de Aerolíneas de Alaska se precipitó en el Océano Pacífico el 31 enero de 2000, después de que una superficie de control en la parte trasera del reactor quedase inutilizada por la falta de lubricación de un tornillo. 88 personas murieron; en el informe de la NTSB se mencionó el inadecuado mantenimiento de Aerolíneas de Alaska.

En 1985, en lo que hasta hoy sigue siendo el accidente más catastrófico ocurrido, el vuelo Japan Airlines 123 se estrelló debido a un pobre mantenimiento -520 personas fallecieron. La inadecuada reparación de un mamparo trasero fue la culpable.

Los recortes en mantenimiento y un pobre control de la normativa ponen en riesgo cada día a los pasajeros y las tripulaciones, y mientras las aerolíneas luchan por sobrevivir, esto se convierte en un problema cada vez mayor.

El accidente del vuelo US174 y diversos incidentes durante una década se atribuyen a piezas falsificadas. ¿Permiten acrecentar este peligro los recortes en mantenimiento y la falta de supervisión?

La Asociación de Industrias Aeroespaciales, AIA, tiene una estrategia que está intentando atajar este asunto, pero si los gobiernos son serios al respecto primero necesitan reconocer lo enorme que es el problema.

James Frisbee fue jefe de control de calidad en la aerolínea Northwest, "Es muy, muy difícil encontrar la causa de un accidente en una pieza que ha fallado... especialmente cuando la aeronave se encuentra esparcida en dos hectáreas".

Capítulo 9

Los niños y la Seguridad en Vuelo

Seguridad en Vuelo de segunda clase para los niños

"Asegurar a niños de hasta 2 años con un cinturón de lazo debe ser evaluado como altamente peligroso"- TÜV Rheinland. Expertos en calidad y certificación. (32)

Los reactores comerciales –diseñados para resistir durante los vuelos tensiones increíbles causadas por tormentas, chorros de gases de escape o estelas turbulentas- han vuelto a veces renqueantes a sus bases habiendo protegido a sus pasajeros a través de condiciones de vuelo aterradoras.

De vez en cuando, se producen salidas de pista con la aeronave chocando contra la tierra, parándose repentinamente, pero manteniéndose intacta, protegiendo de esa manera a sus ocupantes.

Sujetos al suelo de esas aeronaves se encuentran los asientos, diseñados para resistir movimientos severos e impactos que pueden incrementar su peso hasta 16 veces. Los pasajeros están atados por un cinturón de cadera que les sujeta hacia abajo usando los lados de la pelvis como ancla para mantenerles asegurados: a menos que sea un crio pequeño o un niño.

Los asientos de una aeronave y sus cinturones están diseñados para adultos; no ofrecen ninguna protección a los niños o a los más pequeños. En los automóviles, los niños no están autorizados a viajar sin nada más que un cinturón de cadera o de lazo. Y aún así a las aerolíneas se les permite que los niños usen solo un cinturón de cadera o de lazo. ¿Porqué?

Empecemos con los niños. Hasta alrededor de los 7 años de edad, la pelvis, que es lo que usa el cinturón de cadera para sujetarle a su asiento, no está totalmente desarrollada. "En el transcurso de un accidente, el cinturón se introduce rápidamente y a fondo en la región abdominal lo que provoca heridas internas graves" dice un informe de TÜV (33), una compañía especializada durante décadas en la prueba de cinturones de asientos.

Detallan como la longitud actual de los cinturones de asiento está diseñada para que la hebilla se encuentre en el medio de la cintura del adulto; en un niño se sitúa a un lado y con frecuencia con el cinturón quedando algo suelto. "Debido a la posición lateral de la hebilla de palanca, se puede originar una fractura de consecuencias vitales."

El informe también cuenta como un cinturón holgado genera cargas adicionales sobre el niño durante una parada violenta. Los videos de las pruebas de choque muestran la parte superior del cuerpo del niño plegándose hacia delante, chocando la cabeza con los brazos y las piernas antes de que la frente consiga incluso golpear el frontal del propio asiento del niño y chocando con su estructura metálica. Los más pequeños lo pasan incluso peor.

Esto plantea una pregunta seria: ¿es la lesión grave o fatal de un niño, no sólo posible sino probable, en el caso de un accidente de aeronave con posibilidad de supervivencia?

Si usted embarca en una aeronave en Europa con niños menores de 2 años, le darán un cinturón de lazo. El pequeño se sienta en sus muslos mientras pasa su cinturón a través del pequeño lazo y con ello cree que están seguros. Las aerolíneas insistirán en que lo use. No tiene otra opción a menos que la aerolínea permita el uso de asientos de niños.

El informe de TÜV describe lo que le pasa a un pequeño asegurado con un cinturón de lazo en el caso de un choque o accidente no fatal. El cinturón de lazo es letal —no se para hasta que se aplasta contra la espina dorsal del pequeño. Se puede imaginar lo que habrá pasado entonces con todos los órganos vitales, todos los tejidos blandos del estómago (34). Explica TÜV: "el pequeño actúa como un elemento de absorción de energía." Para ser francos, un crío pequeño sujeto al cinturón del adulto con un lazo se convierte en un airbag humano para la persona mayor.

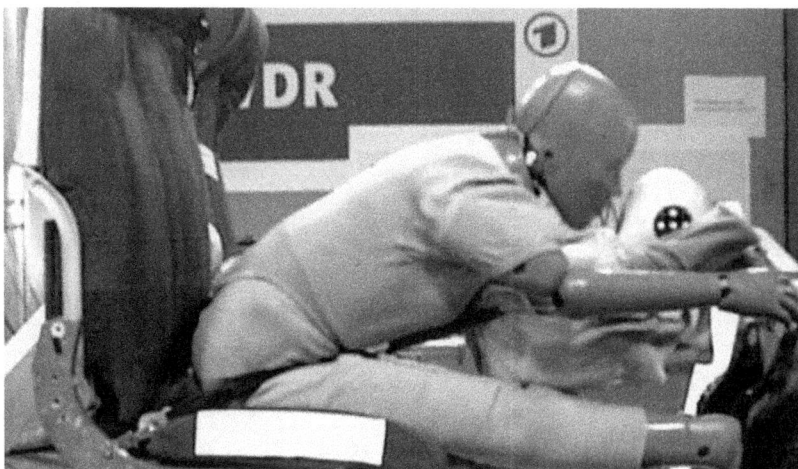

Prueba en TÜV. Nótese la posición del cinturón de lazo del niño contra la espina dorsal.
Fotografía cortesía de Tim Van Beveren.

Algunas aerolíneas permiten el uso de asientos aprobados para coches, o el sistema CARES. (35)

Otras no. Es probable que las azafatas en su viaje no estén seguras sobre cuándo y cómo pueden ser usados, y pueden sostener que no se pueden usar en absoluto. El sistema en su conjunto es un desastre vergonzoso, peligroso, a menudo perpetuado por aerolíneas de todo el mundo. Se les niega la adecuada seguridad a los niños y bebes por unos pocos dólares para el ahorro de costes.

Segundos para el desastre

Al igual que los pilotos y expertos de seguridad mundiales, Tim Van Beveren, periodista investigador de aviación durante más de 20 años, no puede entender porqué este cinturón de lazo está actualmente en uso (36).

Le hizo la misma pregunta a Martin Sperber, de TÜV, durante la filmación de un documental sobre la seguridad de los pasajeros en las aerolíneas (vea las instantáneas en este capítulo). Sperber replicó: "No lo sé...(el cinturón) no es un sistema de sujeción aprobado para menores, fue diseñado para evitar que los niños se convirtieran en misiles en la cabina y por tanto hirieran a otros pasajeros. Los resultados de nuestras pruebas se conocen desde hace más de una década, pero son simplemente ignorados". (37)

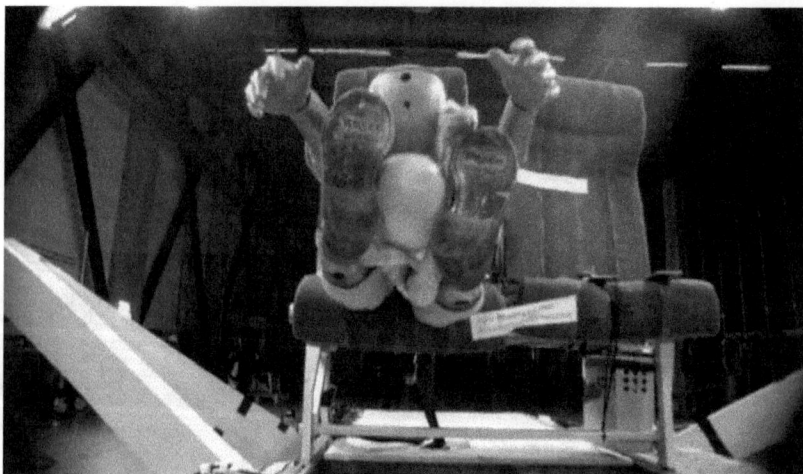

Prueba en TÜV. Nótese la cabeza del adulto golpeando la del niño.
Fotografía cortesía de Tim Van Beveren.

Si usted viaja en los Estados Unidos o en una aeronave de matrícula americana, el cinturón de lazo está prohibido por la FAA, que "recomendó" que los niños sean sujetados, dejando que los padres y las aerolíneas resuelvan la manera de hacerlo. (38)

Durante más de 30 años, la NTSB (39) ha investigado accidentes de aeronaves con niños no sujetos involucrados en los mismos y ha emitido recomendaciones que han sido ignoradas. "Todos lo vemos regularmente cuando volamos, los padres poniendo a sus hijos en sillas de seguridad para niños cuando conducen hacia el aeropuerto, facturando el asiento de niño con su equipaje y después sujetándolos en su regazo durante el vuelo, incluso cuando todos los demás están obligados a estar con el cinturón abrochado. Una vez en su destino, recogen sus asientos en las cintas de equipajes y los aseguran de nuevo en su viaje en coche desde el aeropuerto". (40)

Sus hijos pueden significarlo todo para usted, pero es así de escalofriante e insensible como suena, "los niños no asignados a sus asientos no aparecen en los números de las listas de víctimas de las estadísticas de accidentes aéreos". (41)

TÜV cree que el uso de sistemas de sujeción de niños en aeronaves generan costes adicionales a las aerolíneas. ¿Es este simple coste el motivo por el que los reguladores están fallando a nuestros hijos?

Es un argumento que las aerolíneas usaban a menudo contra la instalación de equipos de aviso del terreno, el radar meteorológico o los sistemas que evitan las colisiones con otros tráficos a bordo de las aeronaves. Estas mejoras hoy en día requeridas han salvado desde entonces innumerables vidas.

Los asientos de seguridad de niños diseñados y aprobados para su uso en aeronaves están disponibles y en uso por organismos gubernamentales en aeronaves VIP y militares. La empresa de Hamburgo "Innovint Aircraft Interior" nos mostró su asiento de niño "SkyKid", fácil de usar y rápido de encajar, tanto mirando hacia delante como hacia atrás. El asiento ha sido aceptado por un puñado de aerolíneas. Hainan – China, TAM – Brasil y Air Mauritius.

En palabras de Manfred Gröning, Consejero Delegado de Innovint: "el 11 de septiembre fue una tragedia en muchos sentidos, pero una de las víctimas fue la seguridad de los niños en aviación. El asunto estaba alcanzando un punto crítico y parecía que iban a producirse cambios vitales. Entonces pasó lo del 11 de septiembre y la prioridad de la seguridad de los niños fue desechada".

El servicio suizo de ambulancias aéreas usa este asiento para asegurar a los niños adecuadamente en sus reactores Challenger. El gestor de mantenimiento Werner Schmid comenta: "sentimos que necesitábamos asegurar a los niños en nuestras aeronaves. Este asiento lo hace".

Virgin Atlantic tiene un asiento que se coloca en su sitio cuando reserva una tarifa de niño. "Mientras sus hijos disfrutan con sus sistemas de entretenimiento a bordo, estarán confortables y **seguros** en nuestros asientos diseñados justo para ellos".(42)

Los padres de niños que viajan que estén interesados en ello, pueden ir al final de este libro para averiguar qué acciones pueden tomar cuando vuelen con objeto de hacer más seguro el vuelo de sus hijos.

En un giro extraño, Qantas Airlines en Australia se deshizo de los cinturones de lazo unos años atrás. "Pero los pasajeros se quejaron tanto que los cinturones estuvieron de nuevo disponibles para su uso. Hasta ahí llega la concepción equivocada de que los cinturones de lazo son seguros", cuenta Gröning.

Entre tanto, consejos de seguridad y directrices son todo lo que las autoridades regulatorias alrededor del mundo proporcionan a la industria aeronáutica, cuyo principal objetivo es ganar dinero. A todas y cada una de las aerolíneas se le deja decidir lo que es mejor para la seguridad de nuestros hijos, y el resultado de ello deja fuera de toda duda que la seguridad **no** es la prioridad principal de muchas aerolíneas. Si lo fuera, todos los niños tendrían un asiento que garantizase su seguridad.

Las aerolíneas y sus reguladores ignoran la seguridad de los niños por abandono premeditado.

Hasta que los reguladores fuercen a las aerolíneas simplemente a aumentar los niveles de seguridad de los niños y bebes **a los niveles que disfrutan los adultos,** muchas aerolíneas adoptarán el camino más barato y efectivo en costes, abandonando la seguridad de sus hijos en el regazo de los dioses.

Capítulo 10

El elefante del que nadie quiere hablar

Aire tóxico en cabina

"Este es el secreto mejor guardado de la aviación". John Hoyte, Comandante Instructor y fundador de la Asociación Aerotóxica.

En 1993 científicos de Estados Unidos, Francia y Australia propusieron que el Síndrome Aerotóxico era responsable de los achaques de pasajeros y tripulaciones de aerolíneas. En una repetición de la batalla contra el tabaco, la respuesta dada por la industria de las líneas aéreas ha sido similar a la adoptada por la industria del tabaco, que durante muchos años negó los tan conocidos efectos perjudiciales de fumar.

Pero, ¿qué es y como se origina el Síndrome Aerotóxico?

Para conseguir un ambiente confortable y suficiente presión de aire para respirar a las altitudes a las que vuela un reactor de líneas aéreas, se necesita del suministro de aire comprimido y calentado. Este aire se obtiene directamente de los motores de la aeronave y se conoce como aire de sangrado. Se mezcla dentro del avión con aire recirculado de cabina en una proporción de 50/50. Aunque parte del aire es recirculado, todo él se obtiene de los motores.

RECIRCULACIÓN DEL AIRE DE CABINA

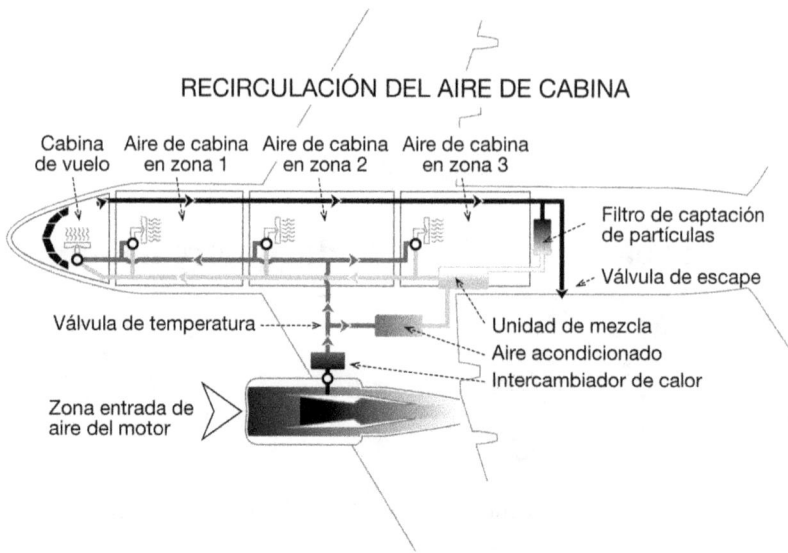

Cabina de vuelo · Aire de cabina en zona 1 · Aire de cabina en zona 2 · Aire de cabina en zona 3 · Filtro de captación de partículas · Válvula de escape · Válvula de temperatura · Unidad de mezcla · Aire acondicionado · Intercambiador de calor · Zona entrada de aire del motor

Sistema típico de aire de sangrado

Pero el aire que se extrae de los motores no se suele filtrar, existiendo el peligro de que ciertos contaminantes lleguen a los pasajeros y tripulación en cabina.

Los sellados entre las distintas piezas de los motores son propensos al desgaste o a un mantenimiento deficiente. No pueden ser 100% efectivos y fallan de vez en cuando. Numerosos estudios muestran que si existe una pequeña fuga, pequeñas cantidades de vapor de aceite puede llegar a penetrar en el aire de sangrado en su recorrido hacia cabina. (43)

Pero si el sellado falla completamente, grandes cantidades de vapores pueden penetrar en el sistema de aire acondicionado en lo que es conocido en la industria de la aviación como "Suceso o evento de humo" (Fume event). Los vapores contienen una mezcla de productos químicos peligrosos. El Gobierno del Reino Unido admite que hay al menos un suceso por humos cada 2,000 vuelos (44). Esto significa que 50,000 pasajeros y tripulaciones que despegan de Heathrow cada año, se ven involucrados en los sucesos por humos *conocidos*.

Suceso de humo a bordo del vuelo US Airways 432 de Phoenix, Arizona a Maui, Hawaii el 17 de septiembre de 2010. El avión era un B757. El vuelo se desvió a San Francisco

Si estos compuestos entran en cabina, ¿porqué son tan peligrosos? "Los aceites son sustancias complejas que están diseñadas para resistir un ambiente de funcionamiento extremo en los motores. El TCP es un organofosfato (OP), y los organofosfatos fueron creados inicialmente por sus propiedades neurotóxicas y utilizados en la fabricación de pesticidas y agentes nerviosos", dice Hoyste, un ex-Comandante de líneas aéreas afectado por aire contaminado de cabina.

Comandante John Hoyte, fundador de la Asociación Aerotóxica

La inhalación de estos gases peligrosos puede causar lo que comúnmente se ha denominado "Síndrome Aerotóxico".

"En términos generales, cada vez es más evidente que la seguridad de vuelo se ve afectada por los vapores de aceite, y casi a diario se documentan nuevos casos de vapores de aceite en la flota de US Airways", dice Tom Kubik, Presidente de Seguridad de US Airways.

Se cree que US Airways sufre un caso de vapores de aceite por semana.

Y esto puede ser solo la punta de un muy desagradable iceberg. "Los médicos aeroespaciales han señalado que las tripulaciones de vuelo, como muestra representativa de la población, sufren más desajustes neurológicos que la mayoría de la sociedad así como también índices cancerígenos superiores", comenta el Comandante David Zaharik, de Air Canada, que perdió su licencia tras sufrir envenenamiento por TCP. "Muchos pilotos lo achacan a los efectos secundarios del trabajo, comida de pobre calidad, estrés y jet-lag".

Y quizá los pasajeros también.

Pero, ¿porqué no afecta a todo el mundo? Algunos científicos creen que, como el fumar, los componentes tóxicos perjudican a unos más que a otros. (45)

Lo que origina también que algunos tripulantes sufran síntomas perceptibles y otros no. El profesor Jeremy Ramsden, un destacado investigador en este asunto, cree que los pasajeros y tripulantes deberían ser informados acerca de los perjudiciales efectos que tiene el aire contaminado en cabina. "Cuando sea posible, las personas vulnerables deberían ser identificadas y alertadas de la conveniencia de no viajar en aviones con tecnología de aire de sangrado. Dado que existen indicios de que la toxicidad del TCP afecta a la reproducción, las mujeres embarazadas deberían al menos ser conscientes del riesgo". (46)

Pero las líneas aéreas, las autoridades y fabricantes no sólo van a tener que hacer frente a los cada vez más evidentes "sucesos de vapores", sino que también parece que tendrán que vérselas con el creciente conocimiento de que los organofosfatos TCP"s se encuentran presentes en el aire de cabina, *la mayor parte del tiempo.*

Es posible que las personas que lean esto estén sufriendo de los mismos síntomas que John Hoyte, quién finalmente perdió su licencia de vuelo en febrero de 2006. "Los pasajeros no tienen razón para pensar que el origen de sus mareos se debe al hecho de ir a bordo de una aeronave comercial" dice Hoyte. ¿Ha sufrido alguna vez "jet lag" y simplemente no se ha repuesto durante un largo período de tiempo?¿Poca lucidez, zumbidos, pérdida del equilibrio?¿Sacudidas y temblores?

Pero los efectos van más allá de meros síntomas diarios que puedan tener su explicación. Según uno de los muchos expertos que trabajan en este asunto, el profesor Abou Donia. "Se ha encontrado a tripulantes con daños cerebrales y células muertas". (47)

David Learmount, de la revista Flight Global cree que los europeos se lavan las manos con este problema (48). "Han evitado enérgicamente verse involucrados en aquellos aspectos relacionados con la salud de pasajeros y tripulantes por aire contaminado, alegando que ése no es su problema" (49). David es uno de los muchos expertos en aviación con la esperanza de que, dado el creciente número de eminentes científicos que investigan los efectos que en la salud origina el envenenamiento por TCP, se proporcionará suficiente inercia para poder llegar a una conclusión. "Me pregunto cuántos pasajeros en Europa saben que las autoridades de aviación alegan que la salud de los pasajeros y tripulantes en aeronaves públicas de transporte no es de su incumbencia".

Las soluciones existen en forma de aceites libres de organofosfatos; filtros adecuados para reducir sus efectos; sistemas detectores que alerten a la tripulación en cuanto aparezcan vapores de aceite o mediante el empleo de aire de sangrado que no provenga de los motores, tal y como ya instala el nuevo Boeing 787 Dreamliner.

Puede llevar años, quizá décadas, probar sin ningún género de duda los efectos que sobre la salud tiene el aire contaminado en cabina. "Preferimos ser precavidos cuando se presenta una duda razonable. Ninguno de nosotros queremos convertirnos en las cobayas de un experimento bioquímico", dice la Asociación de Pilotos de Air Canadá.

Capítulo 11

Los problemas de Boeing

Confianza rota

"...tarde o temprano una de estas aeronaves perderá su capacidad de mantenerse unida... acabará convertida en un agujero humeante en el suelo". Ex Oficial de la FAA, el doctor Michael Dreikorn, hablando del Boeing 737NG.

La cultura del transporte aéreo demanda que todos los pasajeros y miembros de la tripulación deben tener una fe ciega en el sistema que asegura la integridad de todos los aspectos de un vuelo. Por encima de todo, los pasajeros y tripulantes deben tener total confianza en el avión en el que vuelan.

¿Qué pasa si esa confianza se rompe por un constructor de aeronaves líder a nivel mundial como es Boeing ? Tan fuera de lugar y preocupante afirmación como ésta pueda parecer, Boeing sigue acusada de hacer exactamente eso.

Para simplificarlo, ex directivos de la planta de Boeing demandan que las estructuras de Boeing, los esqueletos de más de 1,500 de sus aeronaves –principalmente el 737 NG– no están en condiciones de volar y deberían quedarse en tierra.

Una Nueva Generación de Diseño

En 1998 el prematuro Boeing 737 NG (Next Generation) salió de la línea de producción en un exitoso intento por competir con el Airbus de alta tecnología A320.

Presentada a la FAA como una aeronave diseñada y construida por máquinas robotizadas, los componentes producidos se ensamblarían tan perfectamente que no habría ningún hueco entre las partes de la estructura que suelen requerir masilla; sin agujeros taladrados manualmente que reduzcan la fortaleza de la estructura. El metal sería cortado a las tres milésimas de pulgada por unas máquinas robotizadas y herramientas extremadamente caras, creando así una aeronave con mayores tolerancias, elevada solidez, y todo con un menor peso.

Boeing ponía en marcha -basado en los estrictos controles de las herramientas de alta precisión que usaría y en los planes que presentó a la FAA para la aprobación de la aeronave– los avances tecnológicos que permitirían al 737NG transportar más, volar más alto, y al hacer eso resistir mayores tensiones.

Sin embargo, según los empleados de Boeing, las aeronaves que salieron de la línea de producción durante toda ella no estaban construidas con los mismos estándares que el prototipo original y en desacuerdo al sistema aprobado de fabricación.

En vez de componentes que se unen sin fisuras, se usaron martillos para encajar las piezas; agujeros no alineados eran taladrados de nuevo y algunos cortes del metal no se ajustaban en más de 2 pulgadas, lejos de las 3 milésimas de pulgada aprobada por la FAA. Se usó material de relleno y las piezas se insertaban a martillazos; lo cual produjo pre-estrés en un metal no apto para maltratos.

Esto ocurrió no con partes irrelevantes que simplemente se ensamblan en la aeronave, sino con las piezas que componen la aeronave –Elementos Estructurales Primarios o PSE's (Primary Structural Elements).

Esto es un extracto del manual de reparación del Boeing 737:

PELIGRO : LA AVERIA DE UN PSE'S PUEDE ORIGINAR UN FALLO CATASTRÓFICO DE LA AERONAVE

Según algunos expertos, el fallo no es una cuestión de si se dará o no, sino de cuando, y creen que ya está pasando.

Estas piezas defectuosas, y otras no aprobadas, no fueron fabricadas por Boeing, sino por un fabricante llamado AHF Ducommun. Si las piezas producidas por Ducommun con sus máquinas robotizadas no se acoplaban, ¿por qué era?¿Cómo podía haber tanto desajuste?

300 de las aeronaves 737 NG estaban ya en servicio cuando la empleada de Boeing Gigi Prewit fue ascendida a jefe de compras para los componentes de este proyecto.

De inmediato, los mecánicos de taller le alertaron del continuo problema de la llegada de componentes que no se acoplaban. Prewit se lo transmitió a sus jefes y se envió a un equipo a investigar al fabricante de componentes AHF Ducommun. Lo que encontraron durante el periodo de dos semanas en la planta de producción les horrorizó. Hicieron fotografías, "…porque si no nadie nos creería".

Las piezas no se hacían según el proceso autorizado por la FAA con maquinaria de alta tecnología, sino a mano. Se usaban plantillas para dibujar las piezas con rotuladores para ser posteriormente cortadas con sierras de mano y reducidas con lijadoras en un proceso que evocaba a los ebanistas en un taller de carpintería.

Esto no solo violaba las condiciones de diseño de la aeronave, sino que las piezas creadas estaban debilitadas y ya tensionadas antes de ser usadas para construir las estructuras en las cuales los pasajeros y tripulaciones deberían sentarse durante los próximos 30 años o más.

Lo que siguió después es como sacado de una novela de terror. Se dice que hubo amenazas al equipo de investigación por parte de Ducommun : "tenemos muchas conexiones que llegan hasta dentro de Boeing…Introduciremos 20 de las piezas rechazadas a pesar vuestro…".

Un email del equipo recomendando el cese del uso de Ducommun como proveedor afirmaba que, "continuar con el contrato….pone a la compañía Boeing en riesgo". El email fue borrado por los directivos de Boeing al día siguiente.

Al equipo de investigación se le dijo que no divulgara ninguna de las conclusiones a nadie más que a los directivos de Boeing, bajo amenaza de demanda legal.

Gigi Prewit y otro empleado, Taylor Smith, tuvieron que decidir donde situar su lealtad –con la seguridad del público o con la compañía que les contrató. En el caso de Gigi, sus parientes habían trabajado para Boeing durante generaciones. Parecía que había ya tantas aeronaves volando que admitir que había un problema podría provocar la ruina financiera de Boeing, dado que dejar en tierra 300 aeronaves o la obligación de inspecciones continuas y el mantenimiento requerido precipitarían fatales demandas por parte de sus clientes, las aerolíneas.

A pesar de las advertencias de acciones legales desde Boeing, Prewit y Smith se dirigieron al Departamento de Justicia quienes quedaron inicialmente horrorizados por la información. Ordenaron investigar a la FAA. Los documentos oficiales muestran que la única investigación que llevó a cabo la FAA fue buscar la página web de Ducommun y anotar su dirección.

Una investigación criminal del Departamento de Defensa falló que existían piezas no ajustadas a los estándares, estableciendo que el ajuste forzado de estas piezas en la planta de Boeing podía causar problemas.

Todo esto fue en breve seguido por una orden del Departamento de Justicia de los Estados Unidos de parar cualquier investigación sobre el tema.

Aun con todo las aeronaves siguieron saliendo de la línea de producción, volando y transportando pasajeros y tripulaciones a mayores altitudes, con mayores pesos.

A pesar de las promesas del Departamento de Justicia de mantener los nombres de los confidentes en secreto, y de protegerles, Boeing descubrió quienes eran.

Ahora están sin trabajo y sin probabilidades de encontrar uno.

La primera vez que la idea de que el Departamento de Justicia estaba intentando proteger a Boeing, tomo fuerza cuando emitió un comunicado describiendo que la NTSB había indicado que la rotura de la aeronave de Boeing –un 737NG de Amercian Airlines que se estrelló durante el aterrizaje en Jamaica, el 22 de diciembre de 2009- no tenía nada que ver con las presuntas piezas ilegales.

La NTSB negó haber hecho estas declaraciones.

Y cuando los abogados de Boeing empezaron a diseñar los comunicados para que la FAA los emitiera –a la misma autoridad cuyo trabajo es regular a Boeing- esto puso a los confidentes en una situación de aislamiento.

La todavía joven aeronave 737 NG estaba sufriendo fatiga, grietas y fallos estructurales después de tan sólo 8 de sus 30 años de vida.

Las aerolíneas y los operadores militares están informando (a la FAA) de problemas de ensamblaje con estas aeronaves.

El ex oficial de la FAA, doctor Michael Dreikorn se encuentra "muy seriamente preocupado por un fallo catastrófico de la cabina en altura", que tarde o temprano una de estas aeronaves perderá la capacidad de mantenerse unida. Él cree que será un 737 NG y se convertirá en "un humeante agujero en la tierra". La FAA afirma que no cree que exista ningún problema con el 737 NG. (50)(51)(52)

Otros diseños de aeronaves fueron autorizados a volar incluso cuando persistían problemas técnicos. Durante años, el Boeing 767 voló con su empuje de reversa inutilizado después del desastre de Lauda Air, en el que las reversas de la aeronave fueron desplegadas inadvertidamente por los ordenadores de abordo y causaron la destrucción de la aeronave de Lauda Air en mitad del cielo, matando a todas las personas abordo.

Aun así los reguladores permitieron que el modelo siguiera volando, aunque el problema que causó un desastre enorme y la pérdida de vidas todavía no había sido resuelto. La decisión de los reguladores puso la vida de millones de pasajeros en riesgo.

¿La razón? La presión de las aerolíneas, que se enfrentaban a la ruina financiera en algunos casos, si se imponía una prohibición total de vuelo de los 767. Así que se alcanzó un acuerdo con los reguladores y se inutilizaron completamente las reversas afectadas en los 767 hasta que se encontró una solución.

La poderosa presión ejercida por las aerolíneas, y su prioridad de limitar los costes a pesar del riesgo sobre la seguridad de pasajeros y tripulaciones, al final triunfó de nuevo.

Capítulo 12

La historia se repite

Cuando no se aprende de los errores

"El verdadero y único error es aquel del que no aprendemos nada". John Powell

La historia tiene una forma de repetirse. Es en ocasiones poco o nada distinta de cómo lo hacen los accidentes aéreos.

Ese día en agosto, el avión de fuselaje estrecho, perezoso al principio, aceleró a lo largo de la pista de despegue.

"Rotación" la velocidad la anunciaba el copiloto, y la aeronave subió el morro y empezó a ascender.

Pero no por mucho tiempo.

Sonaron las alarmas de pérdida de sustentación y del terreno. La aeronave se balanceó a la izquierda, luego a la derecha, antes de estrellarse contra el suelo. Hubo algunos supervivientes, pero ese día 154 personas perdieron la vida.

El informe del accidente determinó que la tripulación cometió el error de no usar la lista de chequeo en el rodaje para asegurarse que los flaps y los slats estaban extendidos en la posición de despegue. Asimismo contribuyó al accidente el hecho de que el sistema de aviso de configuración de despegue careciera de corriente eléctrica, el TOWS

(Take Off Warning System), el cual no avisó a la tripulación que la aeronave no se encontraba correctamente configurada para el despegue. La razón de la falta de corriente eléctrica no pudo determinarse.

Era agosto... 1987, en Detroit, Michigan. El vuelo, el Northwest Airlines 255, la aeronave un DC 9, el precursor del MD 80.

*

Agosto de 2008, veintiún años después en Madrid, España.

En lo que parece un fiel reflejo del accidente, exactamente otras 154 personas estaban a punto de perder la vida a bordo de una aeronave MD 80 —el descendiente del DC 9 que se estrelló en Michigan- pero esta vez en el vuelo de Spanair 5022.

En medio del usual ajetreo de un mes de agosto, la vuelta al aparcamiento de un MD 80 en la rampa del aeropuerto de Madrid Barajas llamó poco la atención.

Un agente de rampa de Spanair y dos mecánicos entraron en la aeronave que tan sólo media hora antes había retrocedido de la posición T21. Había rodado hasta la cabecera de la 36 izquierda, incluso alineado en pista para el despegue, justo antes de que el Comandante anunciara que un problema técnico les obligaba a retrasar la salida y volver al aparcamiento.

Habiendo empezado a las 8 de la mañana, la tripulación ya había completado un vuelo con esa aeronave desde Barcelona. Eran ahora casi las dos del medio día y todavía les quedaba la ida y vuelta a Gran Canaria para terminar.

Bajo el intenso calor de la tarde, la temperatura del interior de la aeronave subía mientras los ansiosos pasajeros y tripulantes de cabina esperaban noticias de la nueva salida. La presión iba en aumento. Las conversaciones se sucedían por teléfono entre los mecánicos y su centro de operaciones de mantenimiento –mientras, en una breve llamada, el copiloto charlaba con su novia por el móvil y le contaba que llegaría tarde a casa.

La tripulación tuvo que esperar simplemente a que los mecánicos acabaran de investigar el problema y consultado el mismo con el supervisor de mantenimiento. El sensor que mide la temperatura exterior estaba sobrecalentado, lo que requería una acción de mantenimiento.

Los mecánicos consultaron los manuales correspondientes, que permitían a la aeronave salir a volar con el sistema de calentamiento del sensor desconectado. Para conseguir esto, tenían que sacar un fusible, el Z-19, unido al relé llamado R 2.5.

La tripulación era consciente de las implicaciones operativas que esto conllevaba, ya que debido a esta acción de mantenimiento, no se podía despegar con empuje reducido, un procedimiento usado en la mayoría de los vuelos para preservar la vida de los motores. También pusieron de relieve que el sistema de empuje automático no funcionaría. Parecía que tenían todas las contingencias cubiertas. Sin embargo, de lo que los libros del avión no les informaba era que el hecho de calentarse el sensor de temperatura era un síntoma de fallo del probablemente defectuoso relé R 2.5, que también energiza el sistema de aviso de configuración de despegue -el TOWS.

*

A las 14.07 el copiloto contactó con el control de tráfico y pidió autorización de puesta en marcha. Más de una hora después de su primera salida de la posición T21, el vuelo Spanair 5022 entraba en la pista 36 izquierda por segunda y última vez ese día.

El piloto avanzó las palancas de potencia y los dos motores en la cola del avión rugieron. El avión de fuselaje estrecho, perezoso al principio, pronto aceleró hasta alcanzar 157 nudos.

Segundos para el desastre

"Rotación" la velocidad se anunciaba al tiempo que el copiloto tiraba de la palanca de control hacia atrás. La aeronave subió el morro y empezó a ascender.

Pero no por mucho tiempo.

Sonaron las alarmas de pérdida de sustentación y del terreno. La aeronave se balanceó a la izquierda, luego a la derecha, para caer al suelo y arrastrarse durante 400 metros antes de golpear la ladera de un riachuelo que se encuentra entre las dos pistas, y explotar.

De las 154 personas que murieron ese día, 2 se ahogaron en el río, y algunas más murieron debido al caos y la falta de coordinación en la respuesta de los equipos de emergencia.

El informe del accidente determinó que la tripulación cometió el error de no usar la lista de chequeo en el rodaje para asegurarse que los flaps y los slats estaban extendidos en la posición de despegue. Asimismo contribuyó al accidente el hecho de que el sistema de aviso de configuración de despegue careciera de corriente eléctrica, el TOWS (Take Off Warning System), el cual no avisó a la tripulación que la aeronave no se encontraba correctamente configurada para el despegue. La razón de la falta de corriente eléctrica no se quiso determinar.

Esta vez tenían a quien culpar.

*

Las similitudes entre estos dos accidentes no son sólo escalofriantes, sino desconcertantes, dado que si la industria de la aviación se esfuerza por aprender de los errores, ¿cómo pudieron los mismos hechos converger de nuevo todos juntos 21 años después? Y como veremos, existían señales de aviso hasta justo el momento del accidente.

La compañía Spanair se encontraba inmersa en una etapa de turbulencias; la presión de la compañía por sobrevivir financieramente se estaba echando encima de las tripulaciones. Antes del accidente, la asociación española de pilotos había avisado a la dirección de la compañía de las inquietudes que tenían sobre amenazas a la seguridad en Spanair, -"el elevado número de vuelos retrasados, las escalas programadas con un tiempo que no se ajusta a la realidad, la falta de recursos, calidad de medios en tierra, los reiterados AOG's en las flotas (Aircraft On Ground; aeronave en el suelo debido a problemas técnicos), la escasez de tripulaciones y el sistema de posicionar a los tripulantes, hacen que el sentimiento general sea de caos operativo que pone en riesgo el pasaje, razón de ser de Spanair".(53)

Durante más de un año, SEPLA había estado avisando del deterioro de las condiciones en Spanair, y contactó entonces con el Consejero Delegado de la compañía, Lars Nygaard.

Le notificaron sus preocupaciones sobre la seguridad de la aerolínea, "los trabajadores vemos todos los días como las condiciones de trabajo se degradan por la falta de recursos, personal y gestión deficiente".

Estas condiciones pueden no conducir en muchas compañías a una pobre seguridad operacional, con el consiguiente riesgo para la vida, pero en la industria de la aviación sí lo hacen –y pueden llevar a la muerte de pasajeros. La experiencia de Spanair, las muertes de unos pasajeros confiados y de una tripulación no protegida por los reguladores, no deberían ser olvidadas solo por una búsqueda de billetes más baratos o incluso de mayores beneficios. "Que el piloto no tenga que elegir entre la vida y la muerte. Porque elegir la muerte es volar el avión. Elegir la vida es ir al paro", sentencia Pilar Vera, presidenta de la asociación de afectados del vuelo Spanair 5022.

A lo anterior se une que un mes antes del accidente la Dirección General de Aviación Civil (DGAC) renovó la licencia para operar esa aeronave a Spanair, a pesar de las condiciones reinantes y de que la aerolínea no tenía implantado un sistema de control y monitorización de las operaciones (FDM; Flight Data Monitoring), un sistema que hubiera identificado los problemas técnicos que la aeronave venía arrastrando, en concreto con el relé R 2.5. El sistema era un requisito legal desde hacía 3 años. "La autoridad no debía haber permitido que Spanair siguiera operando sin haber puesto en marcha el FDM; no le puede conceder un permiso" comenta al respecto Juan Carlos Lozano, Presidente del Comité de Investigación de Accidentes de IFALPA (asociación de pilotos a nivel mundial).

De acuerdo con el informe final, la propia DGAC emitió la autorización sin llevar a cabo las preceptivas inspecciones que, de haberse realizado, es más que probable que la aeronave que se estrelló en Barajas hubiera sido obligada a quedarse en tierra por el número de fallos sin arreglar que tenía. (54)

El relé R 2.5, no revisado por los mecánicos, y con un historial de fallos los días previos, iba a convertirse en el foco de la investigación.

*

El accidente del DC 9 de Michigan impulsó que la NTSB estadounidense recomendara cambios en el entrenamiento de las tripulaciones, en la disciplina en cabina de vuelo, en las listas de chequeo, y cambios en el diseño del sistema de aviso de configuración de despegue, TOWS.

Sin embargo, parece que a muchas de esas recomendaciones no se les hizo caso.

Los procedimientos a aplicar por el personal de mantenimiento en Barajas y los manuales técnicos a los que se refirieron, no les informaban que sus acciones evitarían que el sistema TWOS avisara a los pilotos. Este sistema tenía que haber sido esta vez –después de décadas de uso- un sistema auto controlado que alertara a los pilotos de su inoperatividad.

Existen muchas razones por las que una tripulación puede comete un error al establecer la correcta configuración de flaps y slats para el despegue, y le alarmaría a usted saber la innumerable cantidad de ocasiones en que esto ha ocurrido desde el desastre de Michigan.

En junio de 2007, un MD 80 de la compañía Mapjet que despegaba de la isla canaria de Lanzarote, sufrió un fallo similar al del Spanair 5022. Al igual que en la aeronave de Spanair, el sensor de temperatura se recalentaba en los días previos al incidente. Fue desconectado saltando el fusible correspondiente y la aeronave se elevó sobre la pista sin avisar a los pilotos que los flaps y slats no estaban en posición de despegue. Los pasajeros y tripulación fueron muy afortunados en este caso, escapando de la muerte "por milímetros". (55)

El porqué la aeronave consiguió permanecer en el aire se debe a varios factores. Montaba motores más potentes que el Spanair 5022, no iba tan cargada y la temperatura era más baja, con la elevación del aeropuerto a nivel del mar, lo que hizo que el aire más denso sostuviera la aeronave en esos momentos cruciales.

Desafortunadamente, para cuando el Spanair 5022 se quemaba en Barajas un año y medio después, la comisión de investigación en España, la CIAIAC, todavía no había publicado el informe del incidente, o al menos un aviso para prevenir otro suceso similar. (56) "Avisé a España que podía pasar lo del MD y no hicieron nada" contó a los medios el Director de Operaciones de la compañía Mapjet, James W. Hudspeth.

El informe del accidente del vuelo Spanair 5022 no se emitió hasta pasados tres años.

Un increíble periodo de tiempo en el cual otras aeronaves fueron potencialmente expuestas a la misma situación —y, aterradoramente, todavía lo están.

Segundos para el desastre

El informe preliminar fue filtrado a la prensa, lo que originó cambios en el equipo de investigación. Al igual que en el vuelo del Air France 447, las grabaciones de las voces en cabina se filtraron, permitiendo que la especulación rebasara a la propia investigación, dificultando su proceso y causando angustia a las víctimas y sus familiares.

Restos del JK5022. Foto Agencia EFE

Se usaron simuladores para replicar la reacción de los pilotos. Sin embargo, los programas de simulación no pudieron reproducir exactamente la situación de Madrid. Como afirman los investigadores, "los resultados de las simulaciones no son plenamente aplicables al caso real".

A pesar de todo ello, sorprendentemente, las réplicas en el simulador su usaron para echar la culpa a los pilotos por sus acciones momentos antes del accidente. Se les culpó por no reconocer el estado de pérdida de sustentación en el momento del despegue.

La tripulación del Air France 447, del vuelo del Colgan Air 3407 del que hablamos en el siguiente capítulo, o del Spanair 5022 compartían una misma realidad, que puede sorprender y conmocionar a los lectores –A LOS PILOTOS NO SE LES DABA

ENTRENAMIENTO PARA AFRONTAR ESTAS SITUACIONES EN SUS AERONAVES EN LAS SESIONES DE SIMULADOR QUE RECIBEN REGULARMENTE.

Los hechos similares ocurridos en Lanzarote un año y medio antes del accidente del Spanair, no se mencionan en el informe final, a pesar de las circunstancias prácticamente idénticas, y a pesar del hecho de que sí se hace referencia a muchos otros incidentes similares en países extranjeros. Entonces, ¿qué es lo que hizo que no se incluyera este incidente fundamental, o su análisis más inmediato?. Preguntado, Juan Carlos Lozano comenta: "La investigadora de la CIAIAC que entrevistó a James Hudspeth fue nombrada un año después investigadora jefe del equipo de investigación del accidente de Spanair. Es la MISMA persona".

Esto nos lleva a preguntarnos: ¿existía información que podía haber sido revelada si a los investigadores se les hubiera permitido proceder sin la intervención de fiscales y jueces que a veces parecen dirigir el curso de la investigación?

En los años setenta, la industria se dio cuenta de que la única manera de mejorar la reputación de la aviación como una forma segura de viajar era aprender de los accidentes e incidentes, permitir que aquellos bajo investigación cooperaran con el pleno convencimiento que podían responder libremente, sin el miedo a ser castigados.

Para ello, la aviación se alejó de la investigación punitiva, de la búsqueda de culpabilidad. Esto creaba una cultura de seguridad que llegó a ser la envidia del resto del mundo. Los investigadores podían ahora conseguir saber la verdad y descubrir los factores que yacían detrás de la tragedia, y con ello recomendar como mejorar el diseño de las aeronaves o modificar los actuales, alterar los aeropuertos o los procedimientos operativos, cambiar las listas de chequeo y mejorar el entrenamiento. Porque en esencia así es como la raza humana evoluciona.

Sin embargo, algo parece estar desviando esta trayectoria de la aviación que, lejos de aprender las lecciones y crecer mejor y más seguros, nos lleva en cambio hacia la búsqueda de culpables, a la acusación y, en última instancia, al procesamiento. Ese vía sólo nos puede llevar a un sitio –a más desastres.

Tristemente las pruebas están ahí para ver que es así.

Gerry Byrne, periodista en aviación y escritor –"criminalizar a aquellos que cometen errores en un accidente (excluyendo, por supuesto, a los increíblemente temerarios) no es nunca una buena idea. Los pilotos, las aerolíneas y los constructores de aeronaves negarán la cooperación con los investigadores para evitar incriminarse a sí mismos, y pocas son las investigaciones que pueden tener éxito sin su ayuda. Las investigaciones criminales suelen tener preferencia y la policía, no los expertos en accidentes, toman posesión de las cajas negras y otras evidencias, sin contar con los verdaderos investigadores expertos en aviación. Esto ya ocurre en algunos países. La investigación de Spanair fue demorada debido al proceso judicial. Tanto los pilotos como otros profesionales de vuelo, evitarán admitir errores que puedan proporcionar mejoras para la seguridad y evitar futuros accidentes".

La vía judicial de la investigación era tan contundente, que el constructor del relé R 2.5 –no revisado para permitir la salida del vuelo JK5022- y el constructor de la aeronave, Boeing, declinaron personarse en las pruebas forenses para probar el fallido relé recuperado del accidente, evitando con ello posibles descubrimientos y mejoras en la seguridad.

El abogado John Greaves cree que el único propósito de los investigadores de accidentes ha sido ignorado. "La criminalización es buena para los actos intencionales, pero no para los accidentes o infracciones inadvertidas".

Son muchos los expertos, entre los que se encuentra SEPLA, el Colegio de Pilotos y la Asociación de Afectados, que creen que la investigación ha sido defectuosa e inaceptable por varias razones, y que factores fundamentales que contribuyeron al accidente han sido ocultados deliberadamente.

Lo que conduce a la pregunta: ¿había información que podía haber sido revelada si a los investigadores se les hubiera permitido proceder sin la injerencia del juez y los fiscales, que en algunos momentos parecían liderar el curso de la investigación?

El informe final ha llevado a muchos a cuestionar la validez del trabajo presentado una vez finalizado el proceso de investigación –"Lo verdaderamente sangrante es que la comisión de investigación española necesite 308 folios para ocultar la verdad de esta tragedia", concluyó Pilar Vera en la rueda de prensa que ofrecieron las víctimas del accidente, al conocer el informe final de la investigación.

Pero incluso esas relevantes conclusiones del informe están siendo ignoradas. Ni una sola de las recomendaciones hechas por los investigadores del accidente del Spanair 5022 han sido aceptadas por los reguladores europeos o americanos, y la comisión de investigación española ha considerado todas las respuestas a estas recomendaciones como insatisfactorias.

Todos los errores y defectos de diseño de las aeronave permanecen, exponiendo a los mismos peligros a los pasajeros y las tripulaciones. En esencia, se puede decir que la seguridad en la aviación no ha mejorado desde la pérdida de 154 vidas en el aeropuerto de Madrid Barajas. Y si las lecciones de esta tragedia no se asimilan, ¿qué esperanza les queda a las víctimas y sus familias de darle valor a su pérdida? En este sentido, Pilar Vera comenta: "Es un rotundo fracaso institucional el no aprovechar esta tragedia para extraer los conocimientos y evitar que vuelva a producirse, que es el objetivo del informe final".

Consternados por el informe final del accidente, la Asociación de Afectados JK5022 entiende que la única ruta posible que les queda es la legal. Tener que recurrir a la vía legal para revelar deficiencias marca una pauta inquietante en aviación –una tendencia que ni los pasajeros ni las tripulaciones se pueden permitir. Por el contrario, la impunidad que proviene de Informes Oficiales que ocultan causas que pueden ser corregidas, por parte de quienes no cumplen con la sensatez y la prudencia que no vienen en ninguno de los Manuales, seguirá produciendo víctimas en el futuro.

Sólo a través de la vía legal se puede esperar que esos problemas, tantas veces ocultados y profundamente arraigados en el sistema, esos mismos que llevaron a la pérdida de 154 vidas en el vuelo Spanair 5022, sean revelados.

Capítulo 13

Los once minutos críticos

3 minutos después del despegue, 8 minutos antes del aterrizaje

Vuelo Colgan 3407, uno de los accidentes aéreos más influyentes en la historia de la aviación americana.

El accidente del Colgan Air el 12 de febrero de 2009 ocurrió a 5 millas del aeropuerto de Niágara, Búfalo, en el estado de Nueva York. Comparado con cualquier otro accidente desde que comenzó la aviación comercial, es el que más profundamente habría influido en la aviación, y no solo en los Estados Unidos.

La mayoría de los accidentes tienen lugar durante los denominados "once minutos críticos" -entre los tres minutos después del despegue y los ocho antes del aterrizaje. La pérdida del vuelo Colgan Air 3407 sucedió durante la fase de aproximación en esos "once minutos críticos".

Cuando los aviones vuelan alto y rápido, se encuentran aerodinámicamente "limpios". Sin embargo, durante este período de once minutos en que un avión se encuentra despegando o aterrizando, vuela más despacio y mantiene lo que se denomina una configuración "sucia". Por supuesto, la aeronave se encuentra más cerca del suelo y de cualquier obstáculo en los alrededores del aeropuerto.

En el despegue, se despliegan los slats y los flaps por delante y por detrás del ala, aumentando la superficie del ala e incrementando la sustentación a velocidades bajas. En la aproximación para el aterrizaje, los spoilers se pueden desplegar en la parte superior de las alas para "romper" la sustentación del aire sobre las mismas y ayudar así a decelerar la aeronave o a incrementar su régimen de descenso. Se extienden entonces los slats, a continuación los flaps y finalmente el tren de aterrizaje. Todos estos elementos esenciales crean una enorme resistencia y cambian las características de vuelo del avión, haciéndolo menos maniobrable. En ciertas condiciones, la formación de hielo puede añadir un peso adicional e incrementar la resistencia.

La demanda en ambos, los motores y los pilotos, está en su punto álgido. Si algo funciona mal o las condiciones meteorológicas son adversas, la carga de trabajo se incrementa dramáticamente en un instante. El tiempo de reacción de la aeronave es menor en esta configuración, especialmente el de los motores, que pueden estar funcionando a ralentí durante el descenso para la aproximación.

Por debajo de 10,000 pies se aplica la norma de cabina estéril –no debe haber ninguna conversación no esencial. Como veremos, ésta era una regla que, junto a otras muchas, fue ignorada la noche del accidente del vuelo Colgan Air 3407, que también reveló una perniciosa lista de prácticas de trabajo dentro de la industria de las aerolíneas que había puesto a millones de vidas en peligro durante muchos años.

*

El Bombardier Dash 8 Q400 descendió en la oscuridad, en medio de unas condiciones invernales, con sus motores turbohélices Pratt and Whitney vibrando al unísono. El Comandante Marvin Dean Renslow pidió a su copiloto Rebecca Shaw que llamase a operaciones de Búfalo informándoles de su inminente llegada en 10-15 minutos.

El Comandante Renslow, de 47 años, vivía con su esposa, su joven hijo e hija en Lutz, en el Condado de Pasco, Florida. Había ingresado en Colgan Air en septiembre de 2005 y desde entonces había realizado 3.379 horas de vuelo con la compañía, 109 de las cuales eran como piloto al mando del modelo Q400.

La copiloto Rebecca Shaw, de 24 años, había conseguido el trabajo de sus sueños y ese jueves noche estaba encantada de poder ir sentada junto a un Comandante jovial, amigable y extrovertido. Acumulaba 772 horas de vuelo en el Bombardier Dash 8. Era tarde, las 22:07 hora local.

El controlador de aproximación de Búfalo les autorizó a descender. El Comandante Reslow se hizo cargo de la radio mientras Shaw pulsaba el botón de transmisión PA para dirigirse a los pasajeros y tripulantes de cabina de pasaje.

"Amigos, les habla su copiloto desde cabina, eh, ahora mismo nos encontramos entre 10 y 15 minutos de Búfalo. En cuanto al tiempo, hay una densa niebla. Nieva un poco pero no hace un frío terrible, eh, pero, eh, en este momento me gustaría asegurarme que todo el mundo permanece en sus asientos para que la tripulación prepare la cabina para el aterrizaje. Gracias".

Shaw no había dormido mucho durante las últimas 36 horas, pues había viajado desde la costa oeste hasta la este para empezar a trabajar, pasando la noche en la concurrida sala de tripulaciones donde "uno de los asientos llevaba su nombre".

Había 45 pasajeros escuchando su mensaje por el sistema de comunicación. Se encontraban atendidos por dos auxiliares de vuelo ocupados preparando la cabina para el aterrizaje. La azafata Matilda Quintero, viuda y superviviente de un cáncer de mama, vivía en Woodbridge, New Jersey con su madre de 90 años y una de sus dos hijas.

Quintero solía realizar vuelos cortos para evitar largas estancias fuera del hogar y había cambiado un vuelo que tenía programado a Europa para poder estar en casa ese fin de semana. Sin embargo, su destino preferido en el servicio a Las Vegas, que incluía una pernocta, fue cambiado en el último instante por el vuelo a Búfalo.

La segunda azafata, Donna Prisco, era una madre de 4 niños que había comenzado a volar como auxiliar de cabina un año antes y amaba su trabajo. Las dos formaban un equipo excepcional y causaban una magnífica impresión a todos aquellos con los que trabajaban o que volaban con ellas como pasajeros.

Se encontraban al cuidado de, entre otros, Alison Des Forges, una activista de derechos humanos y renombrada experta a nivel mundial en asuntos para Ruanda. Se dirigía a casa tras un debate público con un miembro del Parlamento británico.

También de vuelta a Búfalo se encontraba Beverly Eckert, cuyo marido murió en los atentados del 11-S. Se había entrevistado con el Presidente Obama la semana anterior y él la llamó "una inspiración". Entre ellos estaba el Comandante Joseph Zuffoletto, fuera de servicio y viajando como pasajero.

Ahora eran las 22:09 y los pilotos se encontraban en plena aproximación. El Comandante Renslow bromeaba con Shaw. "¿Qué tal van esos oídos?"

"Uh, taponados"

"¿Cómo si fueran a destaponarse?"

"Sí"

"OK. Eso es bueno"

"Sí, haber si se destaponan"

Los dos rieron. Shaw se había sentido indispuesta y había considerado la posibilidad de darse de baja para el vuelo. "¿Es hielo eso que hay en los parabrisas?", preguntó.

"Tengo hielo en mi lado. ¿Tú no tienes en el tuyo?"

"Oh, sí, mucho", contestó.

El Bombardier Q400 tiene un sofisticado sistema anti hielo para el borde de ataque de las alas así como para partes de la cola y el estabilizador horizontal. (57)

Las mismas palas de las hélices tienen un dispositivo electrónico de deshielo. La tripulación había conectado el sistema anti hielo once minutos después del despegue.

El sistema automático de información meteorológica del aeropuerto de Búfalo estaba notificando una noche gélida con una visibilidad de 3 millas, nieve ligera y neblina, con una fría temperatura de 1 grado. Nada peligroso, aunque por debajo de unas condiciones ideales, lo que exigía una carga mayor de trabajo a la tripulación.

El avión niveló a cuatro mil pies y una vez más, Shaw mencionó el tema que ya habían compartido durante el vuelo – cómo algunos de sus colegas copilotos se habían quejado sobre el lento ritmo de progresión a Comandante en la compañía.

"No, pero todos estos colegas se están quejando. Dicen, sabes, que se supone que ya debíamos habernos soltado y se están quejando. Estoy pensando, ¿sabes qué? Que realmente no me importaría pasar un invierno en el noreste ante de tener que ascender a Comandante".

"No, no", replicó el Comandante Renslow.

"Nunca he visto condiciones engelantes. Nunca he deshelado. Nunca he visto nada .... nunca he experimentado nada de eso. No quiero tener que experimentar eso y tener que hacer esa clase de llamadas. Sabes que me habría asustado. Habría visto toda esta cantidad de hielo y pensado, oh Dios mío nos vamos a estrellar".

Entonces Shaw respondió a la llamada por radio del control de aproximación de Búfalo que seguía dándoles vectores hacia el localizador para su aproximación a la pista 23.

A las 22:15 el Comandante Renslow redujo potencia y pidió tren abajo cuando les pidieron que contactasen con la Torre de Búfalo. "Colgan treinta y cuatro cero siete, llame torre uno dos cero decimal cinco. Que pase una buena noche". Junto con la amenaza del hielo, el viento zarandeaba la aeronave aunque esas condiciones no eran excepcionales. Nivelados ahora a 2,400 pies, el piloto automático estaba todavía conectado y la tripulación tenía ya su autorización para la aproximación. La aeronave se encontraba en una senda de vuelo típica con el calaje de flaps en 5 grados.

Inmerso en una oscura nube, las luces de aterrizaje del Q400 iluminaban el agua que brillaba a cada lado a 180 nudos mientras se dirigían a la pista 23. Todo estaba en su sitio para una aproximación y aterrizaje normales, excepto por un importante detalle – la velocidad se estaba cayendo. El Q400 requiere que se añadan 20 nudos a la velocidad de aproximación en caso de engelamiento, pero este punto del procedimiento no se había realizado.

Sonó un doble ruido, indicando que el tren de aterrizaje ya estaba abajo y blocado. "Tren abajo", confirmó Shaw.

La combinación del tren de aterrizaje junto con un ángulo de incidencia más plano de las hélices transformaron la aeronave de una configuración menor que limpia, debido a algo de hielo, a "sucia". Estos elementos añadieron resistencia y la velocidad se redujo rápidamente de 170 a 149 nudos, una velocidad baja para el calaje de flaps de sólo 5 grados en ese momento.

El Comandante Renslow pidió Flaps quince, lista de antes del aterrizaje.

En este punto Shaw se paró durante 3 segundos y sólo puso el flaps a diez. Quizá notó la ya inquietante reducción de velocidad pues empezó a decir, "Uhhh" antes de que ambas columnas de control empezasen a vibrar – un mecanismo instalado en algunas aeronaves denominado "stick-shaker" que avisa al piloto de que están volando a una velocidad peligrosamente baja.

El automatismo llegó a un punto en que ya no podía mantener más la posición y sonó la bocina de desconexión del piloto automático. Ésta continuó dando el aviso durante el resto del vuelo.

Los flaps estaban todavía saliendo y pasaban tan solo por 6,7 grados cuando la velocidad cayó a unos peligrosos 126 nudos. Entonces, por razones que nunca se sabrán, el Comandante Renslow tiró de la palanca de control hacia atrás: un acto que por sí mismo redujo la velocidad aún más mientras incrementaba el cabeceo de la aeronave hasta los 30°, por lo que ahora el ángulo de ataque se acercaba incluso aun más al ángulo de pérdida. Aumentó un poco la potencia hasta un 70% de la total; sin embargo, el Bombardier Q400 podía alcanzar hasta un 130% del torque total en una emergencia, por lo que había mucha potencia remanente que podía ayudarle a salir de la situación de pérdida.

No obstante, el Comandante Renslow nunca demandó más de 80 de ese 130 por ciento.

El stick-pusher automático empujó físicamente la palanca de control en un intento de incrementar la velocidad del avión. El Comandante Renslow lo invalidó incrementando su tirón hacia atrás sobre la palanca. La velocidad cayó ahora a 100 nudos. Habían pasado sólo siete segundos desde que el stick-shaker indicó una pérdida inminente.

La aeronave estaba ahora 23 grados morro arriba. Entonces cayó y viró hacia la derecha hasta alcanzar un alabeo de 110 grados. El Comandante Renslow profirió un "Jesucristo" y Shaw puso la palanca de flaps de nuevo en cero y dijo "Subo los flaps". Entonces dijo: "¿No debería estar el tren de aterrizaje arriba?"

"Tren arriba, oh mierda". Hubo un aumento del ruido ambiente en cabina. En un instante escalofriante, el Comandante Renslow se dio cuenta que todo había acabado. "Nos estrellamos".

El micrófono de Rebecca Shaw retransmitió al grabador de voz sus últimas palabras a las 22:16 y 51 segundos —sólo habían pasado 25 segundos desde la primera indicación de un problema a través del stick-shaker. "Estamos ...." dijo, seguido de un grito.

Dos segundos más tarde la grabación se paró.

Todos, los 45 pasajeros y los 4 miembros de la tripulación murieron, junto con un víctima en el suelo. Cincuenta muertes que, como veremos en las próximas páginas, se produjeron innecesariamente y, en el fondo, por culpa de la incesante búsqueda del beneficio de la industria.

Sin embargo, debido a esas muertes evitables, se planteó un profundo examen de la leyes en aviación —un examen que en esencia, como algunos defienden, revela una permanente y casi criminal falta de respeto por la vida humana en la industria de la aviación, y en todo el mundo, durante más de seis décadas.

Capítulo 14

Consecuencias del accidente del Colgan Air

La fatiga no aparece en las autopsias

"Nuestro problema es que hemos hecho que volar sea demasiado seguro y eso lleva a que la tentación de los directivos por correr riegos sea demasiado grande para resistirse…"

El accidente del Colgan Air es ahora considerado como un accidente de Pérdida de Control o LOC (Loss Of Control). Es uno de los al menos diez accidentes de LOC en los últimos diez años, donde se han contabilizado cerca de **mil quinientas muertes** en ese periodo.

¿Pero puede "simplemente" echarse el cien por cien de la culpa a los pilotos? Y si no, ¿qué más contribuyó a esta tragedia?

El 12 de mayo, en la audiencia sobre el vuelo 3407 que ofreció el Consejo de Seguridad Nacional de Transporte de los Estados Unidos, la NTSB, se puso de manifiesto la mentalidad de Colgan Air al tiempo que se revelaron una letanía de problemas en la compañía que continúan existiendo en aviación. Las evidencias del accidente formarían la percepción del público norteamericano sobre la industria de la aviación y cómo es gestionada y administrada –y revelarían muchas cosas sobre los pilotos en esta industria, sus hábitos de trabajo y su suerte.

De hecho, las evidencias   sacudieron a los administradores de

95

la aviación en lo más profundo e invocaron cambios en las leyes estadounidenses, cambios que mandaron una momentánea llamada de atención a la aviación a nivel mundial —una llamada de atención que, nosotros sostenemos, muchos fuera de los Estados Unidos de momento eligen ignorar.

*

Las preocupantes evidencias presentadas mostraron que el Comandante Renslow y su copiloto Rebecca Shaw muy probablemente estaban volando mientras sufrían de fatiga.

¿Pero tuvo la fatiga algo que ver en este accidente?

El Consejo reveló que los dos pilotos a los mandos del vuelo 3407 vivían lejos de su base de operaciones en Newark y viajaban diariamente bastante distancia para llegar allí. Esto no parece que fuera por propia voluntad, sino derivado de los bajos salarios que les pagaban, y el hecho de que la aerolínea estuviera continuamente cerrando y abriendo nuevas bases, llevaba a los pilotos en esta situación. Barbara Hersman, de la NTSB, declaró: "Creo que sería todo un reto esperar que la gente se reubique en tan solo 60 días. Especialmente si se les paga 16,000 dólares al año".

El Sr. Morgan, un representante de Colgan Air no compartía su opinión. "Lo que funciona para una aerolínea es poner los aviones en los lugares desde donde necesitan ser volados y nosotros intentamos ajustar nuestras bases lo mejor que podemos, pero primero y más importante tenemos una aerolínea que dirigir".

¿No tienen que considerar como lo primero y más importante la seguridad de los pasajeros?

Conforme progresaba la audiencia del vuelo 3407 pronto quedó claro cómo estos pilotos trabajaban en un ambiente de fatiga crónica. Es una situación experimentada por muchos pilotos en todo el mundo.

"Los pasajeros se merecen algo mejor", le contaba Chesley Sullenberger al reportero de la cadena de noticias ABC, Brian Ross, en uno de sus muchos y exhaustivos informes de investigación sobre la fatiga en los pilotos. La imagen siguiente es una instantánea de un cubículo, tomada por un piloto a un colega, que tiene que usar las salas en los centros de operaciones para recuperar el sueño perdido, en particular en La Guardia, Nueva York.

abc news Foto de un piloto durmiendo en el centro de operaciones de La Guardia (58)

La primera oficial Rebecca Shaw tuvo que volverse a vivir con sus padres al estado de Washington en la costa oeste para ahorrar dinero. Mantener su trabajo con Colgan Air significaba tener que viajar constantemente al trabajo atravesando el continente americano.

La miembro del Departamento de Seguridad Kitty Higgins comentaba: "La fatiga ha sido comparada básicamente con ir borracho. Tiene el mismo efecto en un individuo que el alcohol… cuando se juntan las conductas de viajes diarios, los bajos niveles de salario… creo que es una receta para el accidente y eso es lo que tenemos aquí".

Segundos para el desastre

Los gestores de Colgan insistieron que la fatiga no era un problema en su compañía.

Este comentario es a menudo repetido hasta la saciedad por los gestores de la industria de la aviación en todo el mundo.

Dado que los cambios en los patrones de trabajo pueden costar dinero, y dado que primero y antes de nada las aerolíneas se gestionan para ser rentables, la seguridad queda en un segundo plano. El presidente de la NTSB, Rosenker, comentó sobre Colgan Air: "estoy preocupado sobre las posibles cabezadas y otros síntomas de fatiga que algunos procedimientos de la compañía pueden crear, su compañía, y sus tripulaciones, y no creo que esto se dé solo en su compañía o en sus tripulaciones".

Otras maléficas revelaciones fueron hechas por la NTSB.

El nivel de experiencia en la cabina fue asimismo cuestionado (un tema que reexaminaremos cuando volvamos más tarde al accidente del Air France 447).

Hay una regla no oficial en la aviación comercial conocida como la "regla de las dos mil horas". Para asegurarse un mínimo equilibrio, la combinación de la experiencia de ambos pilotos en ese tipo de aeronave debería ser de al menos dos mil horas. Esto aseguraría que los pilotos inexpertos solo volaran con pilotos experimentados.

El Comandante Renslow y su copiloto Rebeca Shaw contabilizaban menos de mil horas en ese tipo entre los dos.

¿Era la falta de entrenamiento de los pilotos un factor a tener en cuenta?¿Porqué el Comandante Renslow no tenía el entrenamiento adecuado sobre la pérdida de sustentación, su aviso y su recuperación? (Una situación que, como veremos, fue similar a la falta de entrenamiento experimentada por la tripulación del vuelo Air France 447)

La NTSB preguntó porqué los pilotos eran entrenados en el

simulador sobre las pérdidas de sustentación hasta justo el momento, pero sin incluirlo, en que el mecanismo automático empujaba los controles hacia delante, un hecho que significó que el Comandante Renslow no estuviera físicamente familiarizado con este procedimiento de recuperación de la pérdida.

Como respuesta, un directivo de Colgan Air dijo que tendría que leer sobre ello.

¿Era la FAA cómplice? El consejo de seguridad estaba preocupado sobre por qué los problemas en Colgan Air no fueron detectados en auditorías previas.

Un año antes del accidente, el inspector de la FAA Christopher J. Monteleon, sacó a la luz unas deficiencias después de una evaluación a Colgan Air. Fue suspendido y se le dio un trabajo de oficina. (59)

Estas revelaciones sobre los actos de la FAA llevaron al analista de aviación del New York Times Bob Miller a sugerir: "ahora empieza a parecer como si hubiera alguna complicidad entre la FAA y Colgan Air en la operación y el entrenamiento en esa aeronave". (60)

Así pues, ¿Qué ha cambiado?

El 14 de octubre de 2011, la Cámara de los Representantes de los Estados Unidos aprobó una normativa que forzaba a la FAA y a las aerolíneas a estimular la seguridad de las aerolíneas regionales a través de mejoras en el entrenamiento y los requisitos de contratación, así como el inicio de medidas contra la fatiga.

"Esta normativa eleva el nivel de seguridad de todas las aerolíneas estadounidenses" comentó el Comandante John Prater, presidente de la Asociación Internacional americana de Pilotos (I ALPA). "Ahora, todas las aerolíneas tendrán un incentivo para contratar a los candidatos más cualificados y proporcionar a sus pilotos el entrenamiento de alta calidad que ellos buscan y demandan, para mantener los estándares de seguridad más altos posibles".

Mientras los Estados Unidos han empezado a liderar el proceso con sus recomendaciones, muchas de las prácticas peligrosas puestas de relieve todavía existen en aviación a nivel internacional.

En cuanto a Colgan Air, sus directivos no se enfrentaron a ninguna acusación; de hecho, hicieron un informe donde descargaban el cien por cien de la culpa en la tripulación. Lo que debemos preguntarnos es: ¿fue el desastre una acusación irrefutable de la temeraria indiferencia de una compañía hacia la seguridad, aparentemente en la búsqueda de más beneficios?

¿Podría esta forma de pensar condenar a la industria de la aviación a desastres todavía más trágicos? Quizá, a menos que se encuentre un equilibrio justo y equitativo entre costes, seguridad de pasajeros y tripulaciones, y beneficios de accionistas y compañías.

En la estela dejada por el accidente del Colgan Air en febrero de 2009, los niveles de experiencia de los pilotos de nuevo ingreso en la industria estadounidense se incrementaron desde las 250 horas de vuelo real en una aeronave a las 1,500, antes de que puedan obtener una licencia para volar en una aerolínea. La calidad de las 1,500 horas y el nivel de supervisión y evolución está todavía abierto a debate.

En Europa la introducción de una nueva licencia permite a las aerolíneas tener pilotos con una experiencia menor de 250 horas de vuelo en las cabinas de vuelo comerciales. Los márgenes de seguridad están siendo recortados tanto que incluso podrían considerarse mortales.

A pesar de que el mundo se está convirtiendo en una aldea global, a pesar de las comunicaciones instantáneas, muchas de las lecciones aprendidas de los accidentes e incidentes no logran viajar adecuadamente.

La fatiga de los pilotos debe ser abordada. ¿Lleva una mano de obra barata en la cabina y que trabaja demasiado, a un vuelo seguro? Los largos viajes diarios impuestos a los pilotos deben ser restringidos. Finalmente, se debe implementar un entrenamiento que no sea el mínimo imprescindible si lo que se quiere es evitar futuras catástrofes al poner la vida de los pasajeros y las tripulaciones en riesgo.

Pero mientras que las aerolíneas y los reguladores no se pongan de acuerdo en, verdaderamente, poner primero a los pasajeros, y las recomendaciones propuestas después del accidente del Colgan Air se adopten en todo el mundo, muchos más desastres aéreos están solamente esperando su momento.

Y millones de vidas de pasajeros se continuarán poniendo en peligro.

Capítulo 15

La tecnología está cambiando la aviación

Un matrimonio para lo bueno y para lo malo

"Hace cien años, le llevaría la mayor parte del año ir de Nueva York a California; mientras que hoy, por problemas en algún sistema en el aeropuerto de O"Hare, puede no llegar ahí en absoluto". Dave Barry (la única Guía de Viaje que siempre necesitarás).

Las aeronaves son cada vez más y más sofisticadas y la afirmación anterior, no obstante, preocupará a los lectores; terriblemente, una frase ampliamente mencionada por los pilotos en respuesta a un comportamiento extraño del avión es, "¿Qué está haciendo ahora?".

El significado de esto es que un comportamiento espúreo de los ordenadores de a bordo de la aeronave genera una acción inadvertida por los automatismos. Desde ordenadores que dirigen el avión en la dirección equivocada, a todas y cada una de las pantallas de los pilotos apagándose de repente, los problemas técnicos se suceden. Ocurren mucho más a menudo de lo que usted pueda imaginar, pero normalmente los pilotos se las suelen apañar.

La Consejera de Ciencia y Tecnología del jefe de la Administración Federal de Aviación estadounidense, la doctora Kathy Abbott no cree que los ordenadores estén preparados para reemplazar a los pilotos, quienes "manejan con éxito un 70 por ciento de los fallos inesperados, sin contar los fallos para los cuales había una lista de comprobación". (61)

Para reducir la carga de trabajo de los pilotos y permitirles manejar la situación real de vuelo de la aeronave y poder anticiparse, los sistemas son monitorizados y el vuelo es controlado por los ordenadores.

Cuando el primer Airbus fly-by-wire estaba en construcción, desde el corazón de Europa se decía que el asiento de pasajero más caro en la aeronave sería el del piloto. Esto puede ser en parte la razón por la cual las aeronaves se intentan diseñar sin piloto, cuando en realidad, la inteligencia del automatismo no es todavía lo suficientemente buena para llevar a cabo el trabajo del piloto.

Los pilotos se sientan en la parte delantera de lo que pueden ser aviones muy grandes, encerrados detrás de una puerta blindada y aislados de los auxiliares de vuelo, y también "en esencia" aislados de los sistemas de la aeronave. "Lo más relevante es el aislamiento mental causado por la propia naturaleza de los controles" dice Donald Norman, de la Universidad de California, San Diego.

Otro problema es que el automatismo hace exactamente lo que debería hacer hoy en día, esto es, aliviar la carga de trabajo de los pilotos aunque esto les "aparta de la operación". Y ocurre que, a menudo, cuando algo va mal no existe ningún aviso o pista previa pues el automatismo no le indica a la tripulación de vuelo lo que va haciendo; tal fue el caso, como veremos en el próximo capítulo, de los pilotos del vuelo Air France 447.

Pilotos que en un momento antes se encuentran en una relativa tranquilidad pueden verse inmersos bruscamente en una vorágine de fallos y avisos.

Un ejemplo de esto fue la explosión de un motor abordo de un Airbus A380 de Qantas el 4 de noviembre de 2010. Los graves daños que se ocasionaron en otras partes de la aeronave hicieron que los sistemas automáticos mostraran a los pilotos en cabina cincuenta y siete avisos diferentes.

Para afrontar semejante embestida de fallos, el Comandante Richard De Crespigny, decidió identificar qué sistemas tenían él y su tripulación todavía operativos y cómo salvaguardarlos y hacer uso de los mismos. Esta embestida de fallos es, en esencia, lo que se conoce en aviación como suceso del "Cisne Negro": un incidente que es totalmente impredecible. En este caso, fue debido a la naturaleza del daño tan severo causado al explotar el motor.

En este caso, los pilotos dejaron de lado buena parte del automatismo en un exitoso intento de simplificar la situación. Fue una decisión que probablemente salvó las vidas de los pasajeros y tripulantes a bordo.

El motor destruido en el vuelo QF32

El 1 de marzo de 2008, el vuelo 44 de Lufthansa de Munich a Hamburgo intentó aterrizar con fuertes vientos de hasta 47 nudos. La rueda izquierda del tren principal tocó tierra y los ordenadores cambiaron de "modo vuelo" a "modo tierra". Sin embargo, la aeronave

105

todavía no se había posado firmemente en la pista y la tripulación perdió el control que necesitaba debido al diseño de cambio de la ley de vuelo en el Airbus A320 que volaban. A pesar de las 60 toneladas de avión y de toda su inercia, se encontraban ahora a merced del viento que desplazó la aeronave hacia el borde de la pista, dando como resultado que la punta de plano del A320 tocase el asfalto.

El piloto que volaba avanzó rápidamente las palancas de potencia hacia adelante para abortar el aterrizaje y hacer un motor y al aire; esta decisión de los pilotos evitó el desastre. Pocos segundos después de esta acción los ordenadores comprendieron que los pilotos querían volver al aire una vez más, devolviéndoles el control completo del avión.

132 pasajeros y 5 tripulantes escaparon ese día del desastre. Los investigadores encontraron que las limitaciones de viento establecidas por el fabricante y por el operador eran no sólo confusas, sino que daban lugar a interpretaciones varias por parte de los pilotos y las aerolíneas sobre lo que realmente se puede hacer con ese modelo de aeronave. Asimismo, las leyes de control crearon un "fallo momentáneo", un instante en el que el automatismo de a bordo no reconoció la situación.

"Ningún manual te dice que el avión hará esto", le comentó un experimentado piloto de Lufthansa a Der Spiegel.

¿Otro suceso del tipo Cisne Negro? (62)

El problema, según parece, no es que el automatismo sea muy potente, sino que no es lo suficientemente potente. No es realmente consciente, según Donald Norman, y desde un punto de vista humano, no puede auto vigilarse; por tanto, no puede proporcionar siempre a los pilotos la información completa que necesitan para alertarles de un problema potencial. Y esa información es esencial si los sistemas fallan y ocurren sucesos inesperados –sucesos del tipo Cisne Negro.

En palabras de David Learmont, de Flight Global: "Ha habido una pérdida de la intervención del piloto en cualquier cosa que no sea el planeamiento previo del vuelo, con el posterior vuelo automático". Cree que el atrofiamiento en las habilidades debe revertirse: "Las aerolíneas deben reconstruir las habilidades que el automatismo ha quitado a los pilotos".

Apoyándose fuertemente en la automatización para salvar los muebles, la industria de las aerolíneas luchan para recortar el período de entrenamiento del piloto, prolongar las horas de actividad aérea e incrementar los horarios de trabajo. Esto está aumentando mucho la preocupación entre los profesionales con contratos de temporada; una de las posibles consecuencias sería una generación de pilotos con baja experiencia y gran dependencia de los automatismos.

"La automatización redujo la carga de trabajo, las presiones en cabina de vuelo y ayudó a reducir los accidentes. Esa presión está reapareciendo con la moda del bajo coste. Pero la alfombra se está deshilachando por los bordes y está a punto de deshacerse", dice un Comandante con alrededor de diez mil horas de vuelo, contratado por temporadas en una aerolínea que tiende hacia la filosofía del bajo coste. Le preocupa que la dependencia del automatismo esté sembrando la complacencia.

La mayoría del entrenamiento y pruebas de simulador que se realizan hoy en día fueron diseñados para aeronaves más viejas y no han sido capaces de adaptarse al diseño de alta tecnología y menos aún al automatismo.

El entrenamiento de las tripulaciones tiene que cambiar para tener en cuenta la psicología de los pilotos en cabina de vuelo. La industria y los reguladores necesitan ponerse serios en esto. Se reclama una revisión completa del automatismo de cabina y del entrenamiento para los pilotos a fin de prepararles para cuando el automatismo abordo falle. Tal revisión requiere de una mejor comunicación por parte del automatismo de la aeronave, para ayudar a las tripulaciones de vuelo a reconocer rápidamente la naturaleza exacta de lo que ha fallado.

Las crónicas de los accidentes registran los errores humanos, pero las muchas ocasiones en las que vuelos con problemas técnicos son salvados por los tripulantes, a menudo no son hecho públicos, ni siquiera dados a conocer dentro de la aerolínea. El Milagro del Hudson fue uno de esos sucesos del tipo Cisne Negro que consiguió una atención mundial, por razones obvias.

Pero desafortunadamente, no se superan todos los desastres técnicos.

Capítulo 16

Vuelo Air France 447

Las consecuencias de una tragedia

Muchas de las cosas que funcionan mal en la industria de las aerolíneas convergieron sobre el Atlántico la trágica noche de la desaparición del AF447. Como siempre en un accidente, se plantean muchas preguntas, entre las cuales al menos debemos destacar la de porqué tantos pasajeros y tripulantes perdieron su vida en un accidente calamitoso que nunca debía haber ocurrido.

Según los investigadores franceses, los catalizadores de esta tragedia fueron los pequeños pero potencialmente dañinos cristales de hielo que bloquearon los tubos "pitot" de la aeronave.

Sobresaliendo de la estructura exterior del avión, estos tubos denominados "pitot" miden el flujo de aire de entrada de forma que los ordenadores de abordo puedan calcular la velocidad y altitud actual.

Esa noche, sobre el Atlántico, los copilotos Robert y Bonin chequeaban su radar debido a la actividad tormentosa a su alrededor, a la vez que discutían la posibilidad de formación de hielo, lo que formaba parte de los procedimientos estándar en su ruta de vuelo. Mientras tanto, diminutos cristales de hielo se empezaban a formar dentro de los tubos pitot.

Construidos por Thales, estos tubos tenían un historial conocido por sus problemas técnicos debidos a la formación de hielo.

Robert y Bonin pilotaban su aeronave en las cercanías de varias tormentas cuando, de repente, el piloto automático y el control automático de potencia de los motores se desconectaron, convirtiendo en un instante lo hasta hacia un momento era un vuelo tranquilo, en una cascada de alarmas. Voces sintéticas transmitían los avisos mientras la velocidad de la aeronave mostrada en las pantallas de los pilotos se volvía confusa y poco fiable.

Los ordenadores del Airbus, que normalmente impiden que los pilotos lleven a la aeronave a condiciones peligrosas de vuelo, devolvieron abruptamente el control a la tripulación.

Entonces, ¿como pudieron unos pilotos experimentados perder el control de la aeronave?

La transición instantánea de un vuelo normal a un escenario con la posibilidad de muerte pudo haber sumergido a los dos copilotos en una sobrecarga de información, haciendo que les sobrepasase la situación. En boca de David Learmont de Flight Global, "los pilotos se enfrentaron a una situación que claramente, o no reconocieron, o no se creyeron, o no entendieron". (63)

¿Contribuyó el diseño de la aeronave al desastre?

Un nuevo subgrupo de trabajo de factores humanos creado en el seno del equipo de investigación del AF447 ofrecerá con toda probabilidad algunas conclusiones importantes sobre esta cuestión y debería ser parte del informe final. (64)

El diseño de aeronave de Airbus es uno de los más complejos, ya que confía en gran medida –si no completamente- en ordenadores. La filosofía de diseño de Airbus es tal que la dependencia de la computerización a bordo es llevada al extremo de la infalibilidad.

En un documental del año 1994 llamado "Fatal Logic", el periodista alemán Tim Van Beveren desafió el concepto de infalibilidad asumido no solo por los diseñadores de Airbus, sino también por los fundadores de la filosofía "fly-by-wire", o mandos de vuelo eléctricos (Fly-by-wire es un sistema de control de la aeronave que elimina ciertos controles que solían ser de naturaleza mecánica).

Van Beveren entrevistó largo y tendido al padre espiritual de la automatización en las cabinas de vuelo, Bernard Ziegler, de Airbus (65). Cuando se le presentó un fallo significativo descubierto por pilotos referente al software de diseño del A340, Xeigler admitió que incluso una aeronave tan automatizada como el Airbus, no puede hacer frente a todas las eventualidades. "Ésta es una de las altamente remotas situaciones donde se necesita a la tripulación para interpretarlas. Eventos de probabilidad tan baja no se pueden cubrir con un ordenador". (66)

De acuerdo con Van Beveren, el que este comentario se sometiera a debate fue bloqueado por Airbus, pero está aún disponible en el documental.

Las aeronaves Airbus están construidas con protecciones, con el objetivo de salvaguardarlas de posiciones anormales o "upset" –un término que significa un inusual ángulo de vuelo con el que la aeronave no continua volando, como en una pérdida de sustentación. Por ejemplo, las protecciones no permiten a los pilotos alabear el avión más de 67 grados. En terminología Airbus, esto se denomina "ley normal".

Sin embargo, en el caso de que fallen algunos ordenadores, la aeronave puede acabar en lo que se denomina "ley alternativa", y en esta ley se pierden muchas de las "protecciones de Airbus".

En el caso del Air France 447 no fue que fallaran los ordenadores; hicieron lo que se supone que debían hacer por diseño: en otras palabras, cuando la información es tan dispar que el ordenador no puede asimilarla, éste devuelve el control a los pilotos.

Tres son los ordenadores que calculan la velocidad. Con información contradictoria llegando de los tubos pitot bloqueados por los cristales de hielo simplemente dijeron: "abandonamos", causando una cascada de confusión informática y de resignación. Esto causó el cambio de ley normal a ley alternativa y, entre otras cosas, la pérdida del piloto automático y el control de empuje automático.

Así pues ¿fallaron los automatismos? A los pilotos se les devolvió el control de una aeronave en "ley alternativa", sin muchas de las protecciones generadas por el ordenador contra posiciones anormales. Sin embargo, cuando Airbus introdujo las aeronaves "fly-by-wire" afirmaron que no era ya necesario entrenar a los pilotos sobre como recuperar el control en el caso de que la aeronave llegara a ser inestable o alcanzara posiciones anormales, especialmente a gran altitud.

Airbus establece en sus manuales de entrenamiento, "la efectividad de la arquitectura fly-by-wire y la existencia de leyes de control de vuelo elimina la necesidad de entrenar en las aeronaves Airbus las maniobras de recuperación de posiciones anormales". (67)

Pero una fuente del sindicato francés de pilotos SNPL (Syndicat National des Pilotes de Ligne) confesó, "Hemos discutido este tema muchas veces con los pilotos de pruebas de Airbus y algunos ingenieros. Ellos nos confirman lo contrario. Esto es, si pierdes las protecciones vas a necesitar entrenamiento sobre posiciones anormales o algo peor...". (68)

Expertos, investigadores y los propios pilotos de Air France creen que éste es justo el tipo de entrenamiento que podría haber marcado la diferencia, y haber prevenido la tragedia del AF447. (69)

La cuestión es que a la mayoría de los pilotos no se les proporciona entrenamiento sobre posiciones anormales a gran altitud a menos que la aerolínea *opte* por hacerlo. "No tienen nunca la oportunidad de practicar estas maniobras de recuperación", dice Chesley Sullenberger, el Comandante del milagro de la aeronave del río Hudson.

La realidad es que los pilotos de Air France no estaban entrenados para la situación catastrófica que se desarrolló en el vuelo AF447 – simplemente porque Airbus dijo que no había necesidad. Debemos recordar que el Comandante del vuelo 3407 de Colgan Air, Marvin Renslow, no tenía suficiente entrenamiento en pérdidas de sustentación o recuperación de posiciones anormales- exactamente como en el caso de los pilotos de Air France o Spanair.

En la cabina del vuelo Air France 447 no se encontraba ningún Comandante cuando las cosas empezaron a ponerse feas. El ciudadano tiene razón al preguntarse porqué.

Volar largo recorrido requiere obviamente de extensos tiempos de vuelo y exige a los pilotos y azafatas días de actividad muy larga. En sintonía con lo que hacen la mayoría de compañías que vuelan largo recorrido, la ley requiere que las aerolíneas incluyan un piloto adicional.

Para las compañías, la opción más barata es que el piloto extra sea un copiloto y no un Comandante. El copiloto extra es conocido como piloto de relevo o de "crucero".

En el AF447, siendo un vuelo de largo recorrido, había un Comandante y dos copilotos.

La práctica puede variar entre compañías, pero así es como funciona: en un vuelo de 13 horas, la aeronave puede estar en crucero durante 12 de ellas. Parte de ese tiempo se divide en tres periodos de descanso para los pilotos, los cuales pueden durar entre tres y cuatro horas.

Las grabaciones de las voces de cabina extraídas de las cajas negras revelan que conforme empezó a desarrollarse el desastre, el copiloto Robert presionó varias veces el botón de llamada del Comandante Dubois para que volviera a cabina.

No se sabe con exactitud si el Comandante estaba dormido en su litera, ya que el área de descanso está contigua a la cabina de vuelo y accesible a través de una puerta de seguridad. Le llevó un minuto y medio al Comandante Dubois volver; una eternidad en términos de aviación cuando, en mitad de una emergencia, los segundos cuentan.

Algunas aerolíneas que usan aeronaves Airbus incluso han eliminado este área de descanso de los pilotos fuera de la cabina con objeto de montar más asientos en la clase preferente. En estos casos los pilotos tienen que usar el área de descanso de los auxiliares de vuelo, situada en mitad de la aeronave. Esto incrementa el tiempo que necesita el piloto para volver a la cabina en una situación de emergencia.

Otro problema agravó la creciente crisis.

El sistema electrónico de instrumentos de vuelo del Airbus está construidos de forma que si todos los sistemas primarios fallan —en otras palabras, si se da una pérdida total de los instrumentos- los instrumentos de reserva son usados como apoyo y se encuentran situados cerca del asiento del Comandante. En el caso de una pérdida del sistema eléctrico, el generador de electricidad de emergencia alimenta **sólo** el panel de instrumentos del Comandante.

O sea que ahora, el piloto con **menos** experiencia en la aeronave se encuentra en una situación en la que tiene que volar a mano, sólo con los instrumentos más básicos y en un posible escenario desastroso. En este caso, suponía volar a través de una peligrosa tormenta sin radar exterior que ayudara a navegar sorteando las células tormentosas.

Los dos copilotos a bordo del AF447 eran respetados y habilidosos, pero necesitaban desesperadamente de la experiencia de su Comandante cuando las cosas empezaron a complicarse. Desafortunadamente, parece que no hubo tiempo para que el Comandante Dubois volviera a la cabina y consiguiera entender completamente la emergencia antes de que la aeronave se estrellara. Algunos Comandantes de largo recorrido admiten sin tapujos que apenas consiguen dormir adecuadamente durante su periodo asignado de descanso; se echan y dan vueltas, sin conseguir descansar. Quizá el tener otro Comandante en la cabina aliviaría su ansiedad, permitiendo con ello beneficiarse del descanso que deben tener por normativa aeronáutica.

Pero todavía está por ver si las aerolíneas están preparadas para incurrir en ese coste extra que salvaguarde la vida de los pasajeros.

Incidentes similares al fallo del pitot del Air France 447 habían ocurrido anteriormente en aerolíneas que usaban tubos pitot construidos por Thales.

Algunos de esos fallos ocasionaron la pérdida de las indicaciones de velocidad a gran altitud debido al engelamiento durante el crucero —de nuevo, al igual que en el Air France 447. Esto generó mucho intercambio de información entre Air France y Airbus con objeto de determinar si era necesario cambiar los tubos pitot de Thales por un nuevo modelo del mismo constructor. Airbus le pidió a Air France que esperara a que Thales dispusiese de modelos mejores, aun cuando afirmaba que el modelo más reciente se comportaba mejor en condiciones de engelamiento. Air France hizo un pedido y acababa de recibir un envío de estos recambios la semana en que se produjo el desastre.

Un factor agravante para los pilotos es que Airbus había comunicado que se podían dar avisos erróneos de pérdida de sustentación en el caso de una obstrucción de los tubos pitot — información que entra en conflicto con los procedimientos estándar, los cuales dictan que los avisos de pérdida de sustentación siempre deben ser respetados.

Desde el desastre del AF447, todas las aeronaves de Air France están equipadas con tubos pitot americanos de Goodrich, no Thales.

Esto plantea una pregunta vital: ¿fue un fracaso de los reguladores el no pedir a Airbus y a Thales que reemplazaran más rápidamente los tubos pitot?

Segundos para el desastre

El hecho es que estos fenómenos ocurrieron en muchas otras aerolíneas, aunque no exactamente en las mismas condiciones.

Una selección de 13 casos de fallos de tubos pitot similares fue mencionada por la comisión de investigación de accidentes francesa, la BEA, cuando investigaba el accidente del AF447: (70)

Air France (4 casos)

TAM (2 casos)

Qatar Airways (4 casos)

Northwest (1 caso)

Air Caraïbes Atlantique (2 casos)

La BEA entrevistó a pilotos de esos vuelos. "Las tripulaciones no entendían lo que estaba pasando en ese momento y NINGUNO de ellos aplicó la lista de chequeo apropiada o llevó a cabo los pasos de memoria requeridos....debido a la sorpresa y la falta de entrenamiento."

Sorpresa, falta de entrenamiento, ausencia de un Comandante en la cabina de vuelo, falta de sustitución a tiempo de los tubos pitot defectuosos, y la falta de buena voluntad para actualizar la aeronave con un sistema informático de ángulo de ataque que podía haber evitado el accidentes del Air France —lo que todos estos factores contribuyentes tienen en común es el coste.

Debido a lo trágico del accidente del Air France 447, el desastre será analizado durante las décadas venideras y lo que esperamos es que la pérdida de las vidas de los pasajeros y la tripulación no sea en vano. Y que en base a su memoria, la industria se esfuerce por un cielo más seguro para todos.

Capítulo 17

El futuro de la aviación

¿Qué se puede hacer para mejorar?

"Nunca sabes en qué vuelo se va a juzgar tu carrera". – NTSB

Los empleados más antiguos de aviación le dirán que las personas de la aerolínea solían manejar éstas y que ellos conocían el negocio – amaban la idea del vuelo, amaban la industria y entendían que era única. El aprovechamiento de la naturaleza y el transporte de personas por el aire allí donde deseen ir no es infalible, pero tiene grandes recompensas. Sin embargo, requiere de una increíble preparación y previsión.

Personajes sin escrúpulos ven esta aptitud y el amor por la industria como una debilidad. Ellos la explotan, mientras roban cada día otra pequeña pieza de la envolvente de la seguridad, viendo a los pilotos y a otros como –"limones a los que exprimo hasta dejarlos secos"- comentario del CEO de una de las mayores aerolíneas de bajo coste sobre sus pilotos.

Su seguridad está –entre otras cosas- en las manos de esos pilotos que le transportan, de los auxiliares de vuelo que le ayudan a evacuar la aeronave, de los ingenieros que dan servicio a esos aviones, y de los controladores que ayudan a guiar la creciente cantidad de tráfico aéreo.

Segundos para el desastre

Su nivel profesional... la calidad de su entrenamiento y su salud mental y física deben ser una prioridad.

¿Pero qué pasa si la búsqueda del beneficio interfiere con una compañía segura? Una aerolínea puede tener una ristra de deficiencias de seguridad sin que el público ni siquiera lo sepa; incluso a las tripulaciones que vuelan en esa aerolínea se le pueden ocultar.

Como hemos visto, dado que muchos informes son retenidos bien por aquéllos involucrados, por las aerolíneas, o por los reguladores, el verdadero número de incidentes es desconocido.

Mary Schiavo, antigua Inspectora General del Departamento de Transporte de los Estados Unidos, sugiere que las aerolíneas que fallan continuamente a la hora de adherirse a los normas y que originan un número elevado de violaciones de seguridad, deberían ser multadas públicamente y la lista de las mismas puesta en conocimiento de los viajeros. Chesley Sullenberger cree que debería existir una página web de seguridad a nivel mundial, donde todos los temas relacionados con la seguridad puedan ser compartidos. "Seríamos mucho más seguros, si tuviéramos este sistema", nos dijo un investigador que participó en el desastre del AF447. Pero para ello los propios reguladores necesitan más financiación -y no menos, como ocurre con frecuencia- si van a ser independientes y no influenciables por la industria que ellos mismos gobiernan.

Lo hemos discutido ampliamente a lo largo de nuestro recorrido por este libro y esperamos que genere debate, y con un poco de suerte, se tomen algunas acciones. La aviación es considerada segura porque siempre ha estado basada en un incremento del índice de reducción de accidentes catastróficos. Las preocupantes tendencias que remarcamos en este libro han interrumpido esa mejora y el riesgo se está revirtiendo, en particular cuando los reguladores no escuchan las inquietudes de aquéllos que están en primera línea.

Los pasajeros frecuentes quizá deberían tomarse un momento para enviar un email, recordando a los reguladores sus obligaciones hacia usted, el pasajero, no hacia las aerolíneas.

No dude que su email marcará la diferencia; eche un vistazo a los recientes sucesos donde las redes sociales han cambiado naciones. Contacte con cualquier representante público, dígale que asuma sus responsabilidades y haga su trabajo.

En cuanto a qué más puede hacer, preste más consideración sobre en qué clase de aerolínea quiere usted volar en el futuro. En muchos sentidos, el cómo una aerolínea trata a sus pasajeros puede ser un reflexión de cómo la misma aerolínea trata a sus empleados. Y a partir de ahí usted puede ciertamente asumir la situación en que se encuentra su cultura de la seguridad.

Hasta cierto punto, su seguridad está también es sus propias manos. Tome decisiones inteligentes y basadas en la información de este libro y usted, su familia y sus seres queridos se mantendrán sanos y salvos al volar.

Capítulo 18

Los mejores consejos para volar seguro

Lo que usted puede hacer antes y después de comprar un billete para hacer que su vuelo sea más seguro:

1. Evitar aerolíneas prohibidas por la Unión Europea. (71)

2. Evitar aerolíneas de países a los que la FAA les ha rebajado la categoría. (72)

3. Evitar aerolíneas con conflictos internos; pueden alquilar temporalmente a otras aerolíneas u otras tripulaciones que les ayuden a mantener sus horarios de vuelos.

4. El bajo coste no significa por derecho baja seguridad; pero mientras la industria luche por su supervivencia, puede que sí.

5. Aunque reserve con una aerolínea de bandera, las probabilidades de que se haya contratado a una empresa pequeña para realizar el vuelo van en aumento. Algunas son buenas, otras malas. Pregunte en qué aerolínea regional volará, y hágase el favor de chequear su historial de seguridad en la web antes de volar.

6. Si vuela con niños, use los arneses de seguridad apropiados tal y como se describe en este libro, y no use cinturones de lazo.

7. Cuando y donde sea posible, evite volar en condiciones atmosféricas extremas, especialmente con pequeñas aerolíneas.

8. Cuando sea posible, evite volar en regiones del mundo donde los accidentes aéreos son más comunes y la seguridad aérea no siempre parece que sea primordial: la mayoría de África, partes de la Federación

rusa. Si no tiene más remedio que hacerlo, no vuele en las aerolíneas mencionadas en los puntos 1, 2 y 3.

9. Siempre trate de elegir un asiento en la zona de "supervivencia".

La zona de supervivencia en una aeronave -¿Qué es?

De acuerdo con los estudios realizados, algunos asientos ofrecen una mayor probabilidad de supervivencia en determinados accidentes en los que se requiere una evacuación.

El líder mundial en la materia, el "Fire Safety Group" de la universidad de Greenwich, liderado por el profesor Ed Galea, estudió más de un centenar de accidentes y entrevistó a casi un millar de supervivientes. Descubrieron una estadística interesante: la mayoría de los supervivientes de accidentes mortales tuvieron que desplazarse 5 filas de asientos o menos hasta la salida. Menos sorprendente quizás, aquellos sentados en los asientos de pasillo tenían una probabilidad ligeramente mayor de supervivencia que los situados en los asientos de ventana.

Consejos de seguridad a bordo

Un comentario bastante escuchado por las tripulaciones de sus amigos neófitos en aviación es: "La demostración de seguridad –no es una gran cosa, lo he visto antes y, en cualquier caso, si nos estrellamos moriremos de todas formas."

Error.

Más del noventa y cinco por ciento de los pasajeros sobreviven en los accidentes aéreos, y muchos del otro 5% mueren resultado de los errores cometidos antes, durante y después del accidente. Y no importa lo frecuentemente que usted vuele, las acciones inconscientes de la mayoría de la gente no están entrenadas para tales eventos. En un accidente o incidente grave usted puede tener que confiar su destino a azafatas fatigadas y con exceso de horas de trabajo para que le muestren la salida de una situación de vida o muerte, así que mejor edúquese usted mismo.

Aquí tiene una abreviación que algunas aerolíneas usan para infundir reacciones instintivas a sus tripulaciones: **S.O.S.**= **S**urvive the impact (Sobreviva al impacto), get **O**utside (Salga al exteri**O**r), **S**urvive Outside (Sobreviva fuera).

S.O.S.

Sobreviva al impacto.

Con el anuncio a bordo pidiéndole que preste atención incluso si es un viajero frecuente, no están bromeando. Al igual que con los pilotos y tripulantes de cabina, la práctica lleva a la perfección, y cuando la supervivencia está comprometida, vale la pena esforzarse por tener las reacciones adecuadas.

Imagínese que alguien le golpea con un bate de beisbol y luego le sostiene la cabeza sobre una barbacoa —así es como puede sentirse en el caso de un accidente. Se vería empujado a tener que pensar claramente qué hacer para salir de esa situación. Tener las pautas de supervivencia grabadas en su mente es la clave. La historia muestra que incluso tripulaciones experimentadas se equivocan; si usted asume que sabe lo que hacer porque lo ha visto antes repetidas veces, debería pensárselo dos veces y dejar el periódico para luego.

Pongamos un ejemplo: usted viaja más a menudo en coche de lo que vuela. Imagínese intentando salir del coche lo antes posible, por la razón que sea. ¿Qué es lo primero que haría? Presionaría el enganche del cinturón de seguridad para liberarse de las sujeciones. En el caso de un accidente o incidente de aeronave puede que con toda probabilidad presione el enganche, dado que es lo que está acostumbrado a hacer, y no funcionará. De acuerdo con el profesor Ed Galea, éste es un hecho recurrente en los accidentes que ha traído consigo muertes.

La acción general se denomina "reversión". Las personas revierten al comportamiento normal, a las acciones predominantes. Los pilotos que vuelan un tipo de aeronave durante muchos años y ahora vuelan otro tipo suelen revertir a los procedimientos de la aeronave anterior bajo presión o fatiga.

Los tripulantes de cabina que vuelan todos los días en aeronaves diferentes muchas veces abren las puertas sin desarmar las rampas de evacuación; asumen que saben en qué aeronave se encuentran y que lo han visto antes. Pero aun así pueden equivocarse cuando enfrente de la puerta suben, en vez de bajar la palanca, empujan en vez de tirar, o arman en vez de desarmar.

Volvamos a la emergencia donde a usted le puede llevar diez segundos o más el averiguar lo que está haciendo mal, tiempo que debería haber usado en intentar escapar, ya que en un accidente aéreo el tiempo puede no estar de su lado.

Los reguladores dan a los constructores en los ensayos 90 segundos para vaciar la aeronave. Y durante esos ensayos la mitad de las salidas fallan. No obstante, puede estar seguro de que cada uno de los pasajeros de pruebas había sido instruido momentos antes por la tripulación para TIRAR del enganche y soltar el cinturón, y se les había recordado la localización de las salidas.

¿Porqué esta reversión ocurre incluso a gente que vuela muchas veces a la semana? Un área específica del sistema nervioso toma el control durante las emergencias, adoptando el modo "lucha o vuela", por lo que pasamos a modo seguro o modo básico. Si el viaje en coche es su medio de transporte típico, su mente revierte a esa situación familiar. Hágase un favor y recuérdele a su mente donde se encuentra antes de despegar.

Los temas tratados en la demostración de seguridad están cuidadosamente seleccionados. Son su kit de supervivencia.

Los pilotos, los tripulantes de cabina, los servicios de emergencia y de control de tráfico en tierra, todos conocen el papel que les toca hacer en el caso de que algo no vaya bien. En la demostración de seguridad es cuando a usted se le dicen sus tareas. Solo funciona si el equipo está cohesionado y usted puede encontrarse formando parte del equipo. Los tripulantes de cabina pueden quedar incapacitados de alguna manera y usted puede tener que abrir la puerta, o si se sitúa sobre una salida sobre las alas, tendrá que abrir la ventanilla en el caso de una evacuación.

Las **máscaras de oxígeno** pueden saltar. Póngasela inmediatamente. No haga preguntas o espere a que se lo digan. Puede que solo tenga unos pocos segundos antes de perder el conocimiento. No importa cómo se sienta de ridículo, o incluso que no sienta nada raro, póngase la máscara –la tripulación de vuelo o la propia aeronave ha detectado un problema si las máscaras se han desplegado. Podría ser que una fuga de presión vaya disminuyendo el aire en cabina lentamente sin una indicación aparente mientras usted se siente cada vez más a gusto debido a la falta de oxígeno. Puede que vea a las azafatas agarrando la máscara más cercana y sentándose en el regazo del pasajero más próximo. Mientras tanto los pilotos pueden estar arreglándoselas con su máscaras que cubren todo el rostro y las restricciones que suponen para pensar claramente y para las comunicaciones. En ese caso, puede pasar un rato hasta que les anuncien que algo va mal.

En muchas aeronaves las máscaras de oxígeno saltan automáticamente por encima de una determinada pérdida de presión de cabina, y es entonces cuando un sistema automático de audio se repite constantemente pidiendo que se siente –donde sea- que se ponga una máscara y se ate, a menos que esté en un lavabo en una aeronave de matrícula norteamericana, donde las máscaras de oxígeno se desinstalaron debido a "cuestiones de seguridad", en contra de las objeciones hechas por muchos. Y si su hijo viaja en su regazo puede que solo haya una máscara por asiento, teniendo usted que tomar una decisión difícil; y recuerde también que las máscaras no están realmente diseñadas teniendo en cuenta a los menores, así que cíñasela bien.

No espere sentir un torrente de oxígeno viniendo de la máscara. Un proceso químico del sistema encima de usted rezumará gentilmente oxígeno a un régimen constante durante los próximos quince minutos más o menos, mientras la aeronave desciende a un nivel de seguridad donde ya no se requieran las máscaras para los pasajeros y tripulantes. Como dice la demostración, póngase la máscara usted primero, porque si se pone a enredar con la de su hijo o la de su acompañante, puede quedar inconsciente y no finalizar la tarea con ninguno de los dos.

La posición de impacto. Distintas aerolíneas pueden enseñarle diferentes posiciones de impacto, pero todas persiguen el mismo objetivo básico; posicionarle tan bajo como sea posible para evitar un traumatismo cervical, o el efecto de movimiento de plegado en su cuerpo. Cada vez es más complicado prepararse uno mismo con asientos apelotonados cada vez más cerca uno del otro, cuando presionar su cuerpo hacia delante y hacia abajo tanto como sea posible puede que le salve la vida. Las víctimas de accidentes que no adoptan esta posición son "agitadas" por el impacto y se fracturan extremidades y el cráneo contra el asiento de delante.

Los asientos que miran hacia atrás, como los que los militares han adoptado durante décadas en sus transportes, así como muchos aviones ejecutivos, aumentan espectacularmente la seguridad, pero la comodidad del público y las sensaciones extrañas evitan su uso, de momento. En la clase "business" se ha usado la configuración de cabeza contra pie durante algún tiempo. Un asiento mira hacia delante, con el asiento adyacente mirando hacia atrás. Contribuye a crear una cabina espaciosa y hay pocas quejas por volar hacia atrás. La idea de colocar en más vuelos asientos con la cabeza en los pies del vecino está siendo considerada por las aerolíneas, dado que pueden introducir más pasajeros de esta forma.

S.O.S.

Salga al ExteriOr

"Se suele afirmar que los pasajeros frecuentes tienen un buen conocimiento de la aeronave, y que los más recientes también se conocen bien la distribución de la misma. Es un hecho preocupante que sólo algo más de un cuarto de los "pasajeros frecuentes" que han volado recientemene pudieran identificar el número de salidas, su localización y su tamaño relativo", comenta el profesor Galea, cuyo equipo también completó un estudio de tres años y medio sobre la evacuación de las Torres Gemelas el fatídico once de septiembre.

La preocupante revelación ocurrió cuando Galea encuestó a los pasajeros sobre su conocimiento de las salidas. El equipo descubrió que sólo un escaso 25% de las personas sabían donde se encontraban las salidas y lo pequeñas que son las ventanillas sobre las alas.

¿Pero de verdad el tamaño importa? En este caso sí. Las aeronaves más comunes son el Airbus A320 y el Boeing 737, ambas de fuselaje estrecho.

Durante la demostración de seguridad en esas aeronaves, la tripulación le dirá que hay, "dos en la parte trasera, dos en la delantera y dos en el medio". Hay una famosa frase en la que insisten los tripulantes de cabina, "puede haber más de 50 maneras de dejar a tu amante, pero sólo cuatro de abandonar este avión".

También debería usted saber que un fuego en una aeronave puede llegar a ser incontrolable en menos de dos minutos; una de las razones por las que la certificación en las evacuaciones es de 90 segundos, incluso para los 900 asientos de un A380.

Aquí está la trampa en las aeronaves más pequeñas –por esas puertas grandes usted abandona el avión andando; por las pequeñas ventanillas sobre las alas, tiene que trepar para salir.

El tamaño de las salidas sí que importa. En muchos accidentes, los pasajeros se apelotonaron en las ventanillas de emergencia intentando salir, mientras que por delante y detrás de ellos la gente se movía rápidamente a través de las amplias puertas de salida o quedaban vacantes. En videos de evacuaciones de aeronaves se puede ver a dos o tres pasajeros a la vez quedándose atascados en las salidas sobre las alas. "Esta falta intrínseca del conocimiento de las salidas es probable que tenga un impacto negativo en la eficacia global de la evacuación y, por tanto, en la seguridad de los pasajeros", afirma el equipo de Galea. "Las demostraciones previas al vuelo no hacen mención al tamaño de las salidas ni al impacto que esto tiene en los tiempos de evacuación". Recomiendan que la demostración a los pasajeros haga hincapié en la localización y el tipo de salida porque independientemente de la experiencia en vuelo, dos quintas partes de los pasajeros encuestados eligieron usar las salidas más lentas y pequeñas sobre las alas.

Ed Galea y su equipo también han descubierto que en la tercera parte de los accidentes analizados, más de la mitad de las salidas no se pudieron usar durante las emergencias debido principalmente a fallos en las puertas o las rampas de evacuación. La salida que tiene fichada puede no estar operativa. Como pasajero, sería aconsejable tener dos salidas en mente, no sólo una. Edúquese a sí mismo. Recuerde, no todas las puertas en la aeronave son iguales, así que la próxima vez que vuele tómese su tiempo en comprobar donde se encuentran esas salidas, y si llega a verse involucrado en una evacuación, observe la circulación a su alrededor y tome una decisión inteligente.

Recuerde, no importa si vuela todos los días, se encuentra en un ambiente no habitual y altamente dinámico.

Recuérdele a su mente donde se encuentra.

Mantenga presente la regla de las cinco filas.

Manténgase con el calzado puesto para el despegue y el aterrizaje: es más fácil correr sobre material en llamas y alejarse de la aeronave una vez en tierra.

Recuerde los once minutos críticos, tres después del despegue y ocho antes del aterrizaje. Preste atención; esté alerta. No use auriculares ni antifaz durante ese tiempo.

Solemos creer que en caso de una emergencia se crea un caos total. No es así del todo. Las declaraciones de pasajeros y tripulantes que han sobrevivido cuentan como hay pasajeros aterrorizados que se llevan las instrucciones y se alinean hacia las salidas. Se pueden oír gritos y sollozos, vociferios, todo normal en gente con un elevado nivel de estrés.

Sacar el equipaje para llevárselo con usted a través de la rampa no solo puede suponer su muerte, sino también la de otros. Esto supone la mayor obstrucción en evacuaciones de aeronaves.

Si no está en su bolsillo, déjelo atrás.

En todo el mundo, los pilotos y tripulantes de cabina se sorprenden cuando ven videos de pasajeros evacuando una aeronave en llamas mientras se aferran a sus maletines y bolsas, posiblemente obstruyendo la evacuación, como en la aeronave A340 que se salió de pista en Toronto en 2005. "Aunque se consiguió evacuar a todos los pasajeros, la evacuación fue dificultada porque cerca del 50 por ciento de los pasajeros se llevaban su equipaje de mano," afirmaron los investigadores canadienses.

S.O.S.

Sobreviva fuera.

Ha sobrevivido al impacto, ha conseguido salir, ahora quiere sobrevivir fuera. Hay una fotografía circulando por ahí donde se ve a un pasajero sentado en un bote salvavidas, con el chaleco inflado ajustado alrededor de su cuello. Es un hombre afortunado. Si hubiera entrado al agua de esa forma el chaleco salvavidas podía habérsele caído o haberle estrangulado.

Observe cómo se ha de poner el chaleco correctamente; no todos tienen el mismo diseño.

Incluso si despega en medio del estado de Kansas, puede necesitar un dispositivo de flotación de cualquier tipo (un ancho río rodea el aeropuerto de la ciudad de Kansas, el Missouri).

Muchos aeropuertos se encuentran situados cerca o contiguos al agua, bien en forma de un lago, río o mar, ya que esto ofrece, entre otras cosas, mejores prestaciones para el despegue de la aeronave – menos cosas con las que chocar en la salida o la entrada, como en el caso de Chicago, New York JFK, San Francisco, Kansas City y muchas más ciudades.

No hace falta un amerizaje en el mar para que se requiera un dispositivo de flotación o chaleco salvavidas; dado que las salidas de pista siguen siendo una de las principales causas de accidentes, las aeronaves acaban en el agua.

Las aeronaves comerciales pequeñas o los aviones ejecutivos pueden ser incluso más altos que usted, y si la aeronave se encuentra varada en el agua, puede necesitar escapar de la misma y el agua alrededor ser más profunda o tener mucha corriente, o estar llena de basura y restos dentados, o cubierta de una capa de combustible de la aeronave que le haga imposible nadar. Necesitará entonces flotar.

No infle su chaleco salvavidas antes de abandonar la aeronave, no hasta estar fuera. Si su aeronave no tiene chalecos, como en algunos vuelos internos estadounidenses, llévese un dispositivo de flotación con usted —como el cojín sobre el que descansa su espalda o trasero.

Un chaleco salvavidas inflado le hará más lento dentro de la cabina y demorará o incluso evitará que usted u otros puedan salir. Más importante aun, si el agua entra en la cabina —como en el vuelo 961 de Ethiopian Airlines que se fracturó cuando amerizaba cerca de la costa— un chaleco inflado le hará flotar hacia el techo de la cabina y evitará completamente cualquier movimiento o escapatoria.

Los cuerpos de muchos pasajeros de la aeronave de Ethiopian que sobrevivieron al impacto inicial fueron encontrados dentro de la cabina con sus chalecos inflados. Si usted se encuentra en una aeronave que dispone de chalecos salvavidas, eche un vistazo para ver si su chaleco se encuentra realmente ahí, ya que se suelen robar. Algunas aerolíneas ahorradoras no llevan de repuesto, o llevan muy pocos.

FIN

Para más información, material bibliográfico, actualizaciones y enlaces vaya a:

http://secondstodisaster.com/

http://www.facebook.com/seconds2disaster

Sobre los autores

Glenn Meade es periodista y un especialista en el campo de la simulación de vuelo comercial. Es autor de nueve libros, muchos de ellos número uno en ventas internacionales, publicados en 26 idiomas, y su trabajo le ha hecho merecedor de los elogios de la crítica. Meade trabajó en el mudo de la aviación durante veinte años. www.GlennMeadeAuthor.com

Ray Ronan es Comandante de Airbus A320 y periodista. Ha participado en fórums para la seguridad de la aviación y ha ejercido como instructor de vuelo. http://rayronan.com/

Otros libros de los autores:

Glenn Meade

Snow Wolf

Brandenburg

The Sands of Sakkara

Resurrection Day

Web of Deceit

The Devil's Disciple

The Second Messiah

The Romanov Conspiracy

Ray Ronan

Lethal Harvest

Consejos para la seguridad de los menores

Para viajes con niños de más de seis meses de edad hay algunas opciones; imperdonablemente, para aquellos menores de seis meses, no existen. No se han adoptado disposiciones adecuadas para garantizar su seguridad.

Para niños mayores de seis meses, lo mejor es que viaje con aerolíneas que permitan el uso de asientos de coche certificados. Chequee la validez de los asientos (si puede obtener esta información de su compañía) antes de viajar, teniendo en mente que no hay un estándar; cuando se trata de la seguridad de sus hijos en las aerolíneas, a veces no hay reglas genéricas a seguir.

La información sobre los estándares de seguridad para niños de una aerolínea pueden ser difíciles de encontrar, pero en el momento de escribir este libro, aerolíneas como Air Lingus (73) permiten el uso de asientos de coche pero, "si el menor tiene menos de seis meses, entonces debe ir en las rodillas del adulto" (y usar el cinturón de lazo). British Airways tiene restricciones similares (74). Incluso el conocimiento de las normas de la compañía por parte de la tripulación puede ser algo laxo, así que imprímase una copia y llévela con usted.

Ryanair no permite los asientos de coche en ninguna circunstancia. Sin embargo permiten los cinturones CARES y un dispositivo de sujeción para niños.

Recuerde que cuando vuele de Europa a Estados Unidos, si la aeronave es americana o ha sido registrada en Estados Unidos, las reglas de la FAA son las que se aplican. Estas reglas recomiendan no sólo que sujete usted al menor, sino que debe usar su propio sistema de agarre. Lo que plantea la siguiente cuestión: ¿no debería una aerolínea autorizada para llevar pasajeros garantizar ella misma la seguridad de todos los pasajeros, independientemente de su edad?

Segundos para el desastre

Deberá comprar en cualquier caso un billete para todos los niños mayores de 2 años, así que piense en un sistema de sujeción certificado para ser usado en una aeronave, como el sistema "CARES." Un cinturón y sistema de sujeción para niños entre 10 y 20 kilos, algo que sea fácil de usar y le dé seguridad al asiento de su hijo sin la molestia de llevar un asiento de coche (75).

###

Enlaces de interés

Tim Van Beveren: piloto, editor en temas de aviación y analista de seguridad.

http://www.timvanbeveren.de/ENGLISH/welcomeaboard.html

Para saber más acerca de los planes para que los pilotos trabajen más horas: http://flightdutytimes.eu/

https://www.facebook.com/flightdutytimes

David Learmount: FlightGlobal.

http://www.flightglobal.com/blogs/learmount/

Aerolíneas prohibidas por la Unión Europea:

http://ec.europa.eu/transport/air-ban/list_en.htm

Lista de países degradados por la FAA. Necesita Excel para poder leerlo:

http://www.faa.gov/about/initiatives/iasa/

Para saber más sobre los gases tóxicos en cabina, o qué hacer si cree que ha sido expuesto a los mismos: http://www.aerotoxic.org/

Aviation Safety Network "Proporcionando a todo el mundo el punto de vista profesional en aviación con información actualizada, completa y fiable de los accidentes de aerolíneas y datos relacionados con la seguridad. http://aviation-safety.net/index.php

Para la seguridad de los menores a bordo de la aeronave. Kids Fly Safe
http://www.kidsflysafe.

Referencias

Capítulo 1

(1)http://www.telegraph.co.uk/news/worldnews/southamerica/brazil/5481061/Air-France-crash-Familys-fear-of-flying-together-led-mother-and-son-to-board-doomed-Flight-447.html

(2)https://en.wikipedia.org/wiki/ACARS

Capítulo 2

(3)http://asrs.arc.nasa.gov/overview/confidentiality.html

(4)ASRS: El caso de la Confidencialidad del sistema de reportes de incidentes

(5)http://www.easa.europa.eu/communications/press-releases/2012/EASA-press-release-06012012.html

Capítulo 3

(6)Profesor Andrew Steptoe y Sophie Bostock, del University College London: Encuesta sobre fatiga y el bienestar de los pilotos de aerolíneas comerciales.

Capítulo 4

(7)http://jtsb.mlit.go.jp/jtsb/aircraft/download/bunkatsu.html#7

(8)PB2002-910401. NTSB/AAB-02/01. DCA00MA006

Capítulo 5

(9)US ALPA White Paper: Producing a Professional Airline Pilot.

Capítulo 6

(10)AAIB Serious Incident Report: Airbus A320, G-DHJZ 12-08

(11)Original Message: From: Authors Sent: 11/16/11 04:15 PM To: press.office@easyjet.com Subject: Aviation book

Capítulo 7

(12)http://ec.europa.eu/transport/air-ban/list_en.htm

(13)http://www.flightglobal.com/news/articles/comment-virtual-airlines-look-real-but-the-security-of-the-product-is-very-different-353366/

(14)http://www.eurocockpit.be/stories/20120306/low-cost-outsourcing-a-new-trend-with-doubtful-benefits-2

(15)La encuesta sobre cultura de seguridad realizado por Illumia de la Universidad de Illinois es reconocida por la industria, desarrollado por investigadores becarios de la FAA y de la Fuerza Aérea americana. Más de 190 organizaciones y aerolíneas realizaron la encuesta. Solo una dirección rechazó realizarla: US Airways, quien de hecho rehusó firmar el acuerdo de confidencialidad, denunciando el mecanismo como propaganda sindical.

(16)Safety at EasyJet Our Concerns. Safety Day 2011. EPG

(17)Page 2. Q3B sent to EasyJet.

(18)Encuesta sobre fatiga y bienestar entre pilotos comerciales. Informe final. 7 de febrero 2011.

(19)Profesor Andrew Steptoe y Sophie Bostock, del University College London: Encuesta sobre fatiga y el bienestar de los pilotos de aerolíneas comerciales.

(20)NTSB Audiencia pública en materia de: COLGAN AIR, INC. FLIGHT 3407, BOMBARDIER DHC8-400, N200WQ Docket No.: DCA-09-MA-027 CLARENCE CENTER, NEW YORK, FEBRUARY 12, 2009

(21)Informe del accidente de la aeronave de Air India EXPRESS Boeing 737-800 VT-AXV el 22 de mayo de 2010 en Mangalore

(22)http://abcnews.go.com/Blotter/faa-enacts-rules-fight-pilot-fatigue/story?id=15204948#.TygUpPmOefN

(23)http://www.eurocockpit.be/stories/20120118/new-eu-pilot-fatigue-rules-improvements-but-not-yet-safe

(24)http://www.eurocockpit.be/stories/20120118/new-eu-pilot-fatigue-rules-improvements-but-not-yet-safe

(25)http://flightdutytimes.eu/

(26)Safety at EasyJet Our Concerns. Safety Day 2011. EPG

Capítulo 8

(27)http://www.chron.com/news/nation-world/article/Bogus-parts-turn-up-more-often-in-NASA-s-supply-1743967.php

(28)http://defensetech.org/2011/11/08/counterfeit-parts-found-on-new-p-8-posiedons/

(29)AAR96-03

(30)http://www.manilastandardtoday.com/insideMetro.htm?f=2010/july/7/metro2.isx&d=2010/july/7

(31)factor200543

Capítulo 9

(32)Study on Child Restraint Systems Final Report EASA 2007.C.28

(33)Study on Child Restraint Systems Final Report EASA 2007.C.28

(34)Informe final EASA 2007.C.28 "El torso superior y las extremidades inferiores del menor así como las del adulto sentado detrás se quiebran. El movimiento de plegado del adulto genera las fuerzas de expulsión que empujan al menor hacia delante incluso con el cinturón de lazo introduciéndose en el abdomen del menor hasta que llega a la espina dorsal. La cabeza del adulto se golpea contra la parte trasera de la cabeza del menor, y el pecho del adulto choca contra la espalda del niño. Debido a las altas cargas de compresión efectuadas sobre el niño, las piernas del adulto se abren y el menor golpea el suelo como una pelota de ping-pong."

(35)http://www.kidsflysafe.com/

(36)http://www.timvanbeveren.de/ENGLISH/welcomeaboard.html

(37)Pruebas de choque efectuadas por TUV-Rheinland, la televisión suiza y la televisión alemana ARD. Helmond, NL bajo la supervisión de Dipl. Ing Martin Sperber, TUV Rheinland.

(38)http://www.faa.gov/passengers/fly_children/crs/

(39)La National Transportation Safety Board (NTSB) es una agencia federal independiente encargada de determinar las causas probables de accidentes de transportes, promover la seguridad en el transporte, y asistir a las víctimas y a sus familiares.

(40)NTSB PUBLIC FORUM: CHILD PASSENGER SAFETY IN THE AIR AND IN AUTOMOBILES transcript_12-9-10

(41)http://www.aerospace-technology.com/features/feature48143/

(42)http://www.virgin-atlantic.com/eu/en/travel-information/flying-with-children/children.html

Capítulo 10

(43)Explicación técnica del suministro de aire en el Boeing 787. Denola-TCP 2011, MURAWSKI_2011_27(2), Mariya Lihasova, Bin Li, Lawrence M. Schopfer, Florian Nachon, Patrick Masson, Clement E. Furlong, Oksana Lockridge.

(44)http://www.dft.gov.uk/publications/cabin-air-quality-faqs/

(45)ACPA_fume_events_newsletter11.01.12_2

(46)La adecuación científica del conocimiento presente sobre las neuro toxinas en el aire en la cabina de las aeronaves. Jeremy J. Ramsden. Cranfield University, Bedfordshire, MK43 0AL, UK

(47)Entrevista con Tim Van Beveren WDR 2010 "Poison in aircraft"

(48)EASA European Aviation Safety Agency

(49)http://www.flightglobal.com/blogs/learmount/2011/10/the-bad-smell-that-wont-go-awa.html

Segundos para el desastre

Capítulo 11

(50)http://www.washingtonpost.com/wp-
dyn/content/article/2006/04/16/AR2006041600803.html

(51)http://www.aljazeera.com/programmes/peopleandpower/2010/1
2/2010121410463790184.html

(52) Boeing_Internal_report_-_August_21,_2000

Boeing__737__repair_manual

DCIS_MATERIAL_-_PT_1

DCIS_MATERIAL_-_PT_2

DCIS_MATERIAL_-_PT_3

Supp_Report

Case 6:05-cv-01073-WEB Document 70-1 Filed 03/14/2006
TAYLOR SMITH, JEANNINE

Case 6:05-cv-01073-WEB Document 70-1 Filed 03/14/2006
TAYLOR SMITH, JEANNINE PREWITT, and JAMES AILES,
Plaintiffs and Relators, vs Civil Action No. 05-1073-WEB THE
BOEING COMPANY and DUCOMMUN, INC. f/k/a AHF-
Ducommun, Defendants.

FAA's Special Technical Audit of Boeing and the Audit Resolution
Plan

Capítulo 12

(53)Denuncia de SEPLA a la compañía de los riesgos para la seguridad.
http://e-pesimo.blogspot.com.es/2008/08/spanair-153-muertos-
accidente-o_22.html

(54)Las aeronaves pueden continuar volando con equipos defectuosos,
y su "difiere" su reparación: pero siguen ahí los fallos hasta alcanzar los
límites de tiempo para su obligada reparación.

(55)http://elpais.com/diario/2009/08/19/espana/1250632807_85021
5.html

(56)http://elpais.com/diario/2009/08/19/espana/1250632807_85021
5.html

Capítulo 13
(57) Las pequeñas alas en la cola.

Capítulo 14
(58)http://abcnews.go.com/Blotter/slideshow/inside-secret-world-
tired-pilots-12868682
(59)http://www.wivb.com/dpp/news/faa_inspector_saw_problems_
with_plane_090603
(60)http://www.wivb.com/dpp/news/faa_inspector_saw_problems_
with_plane_090603

Capítulo 15
(61)http://aerosociety.com/About-Us/bcommittees/lsb
(62)http://www.thelocal.de/national/20090725-20827.html

Capítulo 16
(63)http://www.flightglobal.com/blogs/learmount/2011/08/af447-
and-the-loss-of-control.html
(64)http://www.bea.aero/en/enquetes/flight.af.447/info07september
2011.en.php
(65)Ex vicepresidente de mantenimiento, Bernard Ziegler
(66)Fatal Logic, WDR 1995
(67)Airbus A330/A340 Flight Crew Training Manual 01.020 JUL 19/05
(68)omitted.
(69)f-cp090601e3.en_2 4.1 Recommendations on Operations. Bureau
d'Enquêtes et d'Analyses pour la sécurité de l'aviation civile Interim
Report n°3 AF447

(70)1.16 Tests and Research 1.16.3 Study of losses of or temporary anomalies in indicated speeds occurring in cruise on Airbus A330 / A340

Capítulo 14

(71)http://ec.europa.eu/transport/air-ban/list_en.htm

(72)http://www.faa.gov/about/initiatives/iasa/

Seguridad de los menores:

(73)http://www.aerlingus.com/travelinformation/knowbeforeyoufly/travellingwithchildren/#d.en.4555

(74)http://www.britishairways.com/travel/child/public/en_gb

(75)http://www.kidsflysafe.com

www.ingramcontent.com/pod-product-compliance
Lightning Source LLC
Chambersburg PA
CBHW060036210326
41520CB00009B/1149